GIS绝缘子技术及故障案例分析

国家电网有限公司设备管理部　组编

www.waterpub.com.cn

·北京·

内 容 提 要

为总结国网公司在GIS绝缘子制造及运维技术领域相关经验，指导我国GIS的设计制造、运行维护及检修工作，丰富开关设备运维检修及管理人员对GIS绝缘子的全方位了解，特编写了《GIS绝缘子技术及故障案例分析》。本书对GIS绝缘子的材料及性能、设计、制造、检测及试验等方面进行了全面详细的介绍，结合绝缘子在运行中的典型缺陷、故障案例分析，介绍了相关技术在GIS绝缘子运维过程中的运用，使读者能更加全面地了解GIS绝缘子相关知识，提升专业水平，从而更好地服务于所在行业。

本书既可供GIS的运行、维护、检修及管理人员工作参考，也可作为GIS绝缘及其材料相关设计制造人员作为培训教材和学习资料，同时也可作为大专院校相关专业的自学与阅读参考书。

图书在版编目（CIP）数据

GIS绝缘子技术及故障案例分析 / 国家电网有限公司设备管理部组编. -- 北京：中国水利水电出版社，2021.7
ISBN 978-7-5170-9732-7

Ⅰ.①G… Ⅱ.①国… Ⅲ.①地理信息系统－绝缘子－故障诊断 Ⅳ.①P208.2②TM216

中国版本图书馆CIP数据核字(2021)第132992号

书 名	GIS绝缘子技术及故障案例分析 GIS JUEYUANZI JISHU JI GUZHANG ANLI FENXI
作 者	国家电网有限公司设备管理部 组编
出版发行	中国水利水电出版社 （北京市海淀区玉渊潭南路 1 号 D 座　100038） 网址：www.waterpub.com.cn E-mail：sales@waterpub.com.cn 电话：(010) 68367658（营销中心）
经 售	北京科水图书销售中心（零售） 电话：(010) 88383994、63202643、68545874 全国各地新华书店和相关出版物销售网点
排 版	中国水利水电出版社微机排版中心
印 刷	天津嘉恒印务有限公司
规 格	170mm×240mm　16 开本　8.75 印张　181 千字
版 次	2021 年 7 月第 1 版　2021 年 7 月第 1 次印刷
印 数	0001—5000 册
定 价	**79.00元**

本书编委会

主　任　金　炜

副主任　毛光辉

委　员　田洪迅　王　剑　孙　杨　罗建勇

主　编　田洪迅

副主编　解晓东　迟　清　沈　辉　吴军辉

参　编　盛　勇　李文慧　张　卓　袁福祥　辛伟峰
　　　　　李鹏程　葛　栋　许　渊　孙　伟　王浩然
　　　　　黄小川　吴经锋　王　栋　丁　彬　韩彦华
　　　　　万康鸿　李良书　鲁　永　王　森　蒲　路
　　　　　马德英　毛　辰　魏小龙　李　舟　付海金
　　　　　陈泰羽　侯亚峰　戴通令　金光耀　王　峰
　　　　　邢玉帅　郭子豪　牛　博　杨传凯　尚　宇
　　　　　杨鼎革　白晓萍　段晓辉　李俊锋　龚洪波
　　　　　陈春辉　南传兴

前　言

　　目前，气体绝缘金属封闭开关设备（GIS）在电力系统中得到了广泛的应用。特别是随着特高压站的相继建设，GIS运行的安全稳定性日益突显。绝缘子作为GIS中的关键组部件，其设计、制造、检测技术均影响着GIS的安全稳定运行。目前，GIS绝缘子配方基材以环氧树脂为主，其相关的设计、生产工艺已较为成熟，国内GIS绝缘子制造厂的产品已覆盖各电压等级。在国家电网公司的统一指导下，中国电科院、各省电力公司以及全球能源互联网研究院等相关单位，在GIS绝缘子设计制造及检测技术方面开展了大量的研究工作，收集了较多的事故分析案例，积累了丰富的经验。国家电网公司同时积极布局，制定了GIS绝缘子相关标准。对其绝缘子的设计、制造、检测等方面提出更高的要求。

　　绝缘子作为GIS三大绝缘件之一，承担着GIS的绝缘、支撑的作用。其设计、制造技术已被国内相关制造厂逐渐消化、吸收，并开发了各自独有的产品。随着GIS设备数量及运行年限的变化，经统计绝缘类故障在GIS各类故障中占有较大的比例，绝缘子是GIS中绝缘的薄弱部位，需要对其各环节进行规范，特别是运行维护环节和技术管理环节。同时，各开关制造厂、绝缘子制造厂、高等院校、科研院所等单位的人员迫切需要学习和掌握关于绝缘子各方面的知识，包括材料性能、研发制造技术、设计技术、应用场景、性能检测及评价以及相关故障分析等。国家电网有限公司设备管理部组织编写完成了《GIS绝缘子技术及故障案例分析》。

本书从原理、方法、技术、装备、案例等方面系统介绍了 GIS 中绝缘子的材料、性能、设计、制造工艺和检测、试验技术等内容，对全面指导 GIS 运行维护、检修及技术管理具有较高的实际应用价值，同时收集整理了近年来国家电网公司系统内的典型的故障案例，对其进行深入分析，梳理其缺陷、故障的发生原因和影响因素，提出了提高 GIS 绝缘子安全稳定运行水平及促进国产绝缘子技术发展的策略，同时为今后超、特高压 GIS 绝缘子运行维护及质量的提升奠定了坚实基础。

编者水平有限，书中疏漏之处在所难免，欢迎批评指正。

编　者

2020 年 10 月

目 录

第1章 综述

气体绝缘金属封闭开关设备（Gas-insulated Metal-enclosed Switchgear，GIS）是20世纪60年代随着现代城市的建设和发展，开发出来的新型开关设备。它是以SF_6落地罐式断路器为基础，将隔离开关、接地开关、电流互感器、电压互感器、避雷器、母线、套管等电气元件组合而成的成套电气开关设备和控制设备。GIS由于具有占地面积小、布置紧凑合理、运行可靠性高、环境适应性强、运行维护少、集成度高等特点，在电力系统中被广泛使用。1968年，首批GIS在法国、瑞士和德国投入运行，其中安装在德国柏林110kV维特瑙变电站的GIS（由西门子公司生产），至今仍然稳定可靠运行。鉴于GIS的可靠性高、全寿命周期成本（Life Cycle Cost，LCC）低以及结构紧凑等一系列突出的优点，GIS经过50多年的发展，在全球范围内得到了广泛应用，为全球电力系统的发展做出了重要贡献。图1-1为典型的1000kV特高压输变电工程中1100kV GIS设备。

图1-1　1100kV GIS设备

由于GIS的突出优点，一经投运以后，在电力系统便不断扩大装用，随着电网向超高压、特高压的发展，GIS装用占比越来越大。截至2019年，国家电网有限公司系统内126～1100kV电压等级共装用包括GIS、断路器、隔离开关在内的开关类设备574339台（组/间隔），其中GIS共装用89073间隔，占开关类设备的总装用量的比例为15.51%。GIS在各电压等级开关类设备的装用情况为：特高压1100kV开关设备中，GIS共361间隔，占1100kV开关类设备的比例为77.47%；超高压800kV开关设备中，GIS共371间隔，占800kV开关类设备的比例为18.72%；550kV开关设备中，GIS共4317间隔，占550kV开关类设备的比例为20.45%；363kV开关设备中，GIS共1330间隔，占363kV开关类设备的比例为18.38%；252kV开关设备中，GIS共22096间隔，占252kV开关类设备的比例为13.92%；126kV开关设备中，GIS共60598间隔，占126kV开关类设备的比例为15.75%。GIS在各电压等级开关类设备的装用量中，占比最高的是特高压1100kV GIS，装用比例约为80%。具体装用情况见表1-1。

表1-1　　国家电网126～1100kV GIS设备装用情况（截至2019年年底）

电压等级/kV	GIS（间隔）	断路器/台	隔离开关/组
1100	361	54	51
800	371	448	1163
550	4317	4507	12289
363	1330	1754	4152
252	22096	27947	108705
126	60598	69400	254796
总计	89073	104110	381156

1.1　绝缘子技术发展历程

1.1.1　应用场景及功能作用

GIS是在落地罐式SF_6断路器的基础上发展出现的，将隔离开关、接地开关、电流互感器、电压互感器、避雷器、母线、套管等电气元件组合而成的成套电气开关设备和控制设备，如图1-2所示。根据变电站的规划设计不同，变电站主接线方式也进行相应的设计，GIS根据变电站母线及进出线的布置，配置与之对应结构的GIS。目前变电站常见的主接线方式主要有二分之三接线方式和双母单/双分段接线方式，其中二分之三接线方式更多应用在超、特高压变电站，双母

单 / 双分段接线方式主要应用在 110～330kV 电压等级变电站。

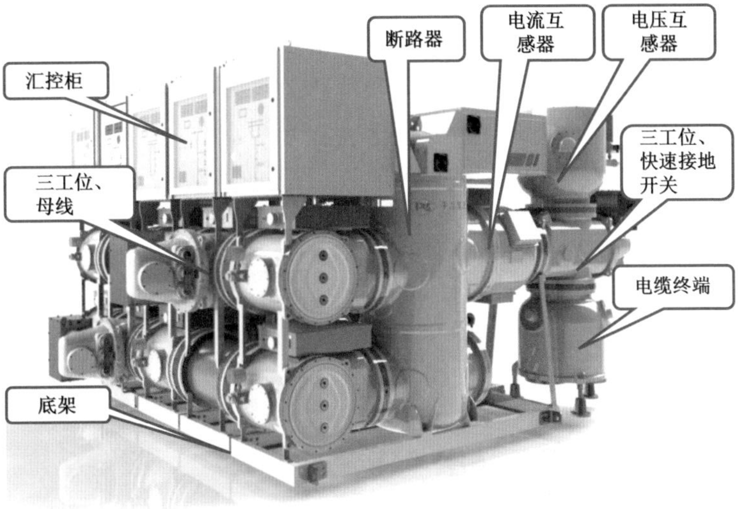

图 1-2　典型 GIS 结构组成

　　GIS 中装用了大量的绝缘件，主要包括各种绝缘子、绝缘拉杆、绝缘筒、灭弧室喷口等绝缘件，其中各种绝缘子中最重要的、使用最多的绝缘子是盆式绝缘子，图 1-3 是典型的 GIS 盆式绝缘子在 GIS 母线上的示意图，图 1-4 是最典型的 GIS 三相分箱式气隔盆式绝缘子（电工术语中称为隔板）。盆式绝缘子主要由中心金属嵌件、环氧树脂本体、外侧金属法兰组成。气隔盆式绝缘子作为 GIS 设备的主要绝缘件，一是起到将 GIS 内部金属导体与外壳之间的电气绝缘隔离的作用；二是起到支撑 GIS 内部金属导体的作用；三是通过绝缘子中心嵌件实现两侧连接的导体的通流作用；四是起到绝缘子两侧连接的 GIS 设备整体密封的作用；五是起到 GIS 不同气室之间的隔离作用（专指气隔盆式绝缘子）。

　　除了三相分箱式的盆式绝缘子外，在 126kV 和 252kV 电压等级 GIS 中大量装用的绝缘子还有三相共箱的盆式绝缘子，如图 1-5 所示。

　　另一类在 GIS 中大量使用的绝缘子是通气盆式绝缘子，典型的 GIS 三相分箱式通气盆式绝缘子如图 1-6 所示。通气盆式绝缘子与气隔盆式绝缘子的结构组成基本相同，主要也是由中心金属嵌件、环氧树脂本体及外侧金属法兰组成，主要的区别是通气盆式绝缘子的环氧浇注部分采用部分镂空结构，这样盆式绝缘子两侧连接的 GIS 本体内的 SF$_6$ 气体处于流通状态，处于同一运行压力中，绝缘子本身不承担两侧 GIS 气体的压力差。

　　绝缘子作为 GIS 最主要的绝缘件，目前最主要的材料是以环氧树脂为基体，在环氧树脂的基础上添加固化剂、填料、其他辅料等，通过添加不同的填料、辅料等来改变环氧树脂的电气、机械、热性能等，使其适合GIS所使用的电气环境。环氧树脂浇注是指由环氧树脂、固化剂、功能性助剂和无机粉体填料等组成的配方体系，在设备和工艺条件保证下，使物料变成均匀的混合物，经真空脱除气泡后将其注入组装好的模具中，待固化反应完成后，脱模得到与模具内部形状一致的环氧浇注绝缘制品。环氧树脂通过真空浇注技术，形成适合不同电压等级、不同功能作用、不同结构形状的GIS用绝缘子。GIS产品中常用的环氧浇注绝缘制品包括盆式绝缘子、柱式绝缘子、绝缘筒、接地绝缘子及其他类型的绝缘子。

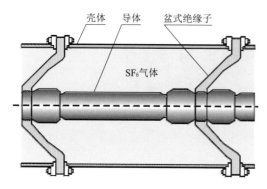

图1-3 典型的GIS盆式绝缘子在GIS母线上的示意图

图1-4 典型的GIS三相分箱式气隔盆式绝缘子

图1-5 典型的GIS三相共箱式气隔盆式绝缘子

图1-6 典型的GIS三相分箱式通气盆式绝缘子

1.1.2 技术发展历程

1.1.2.1 绝缘材料的发展历程

经过以电气化为主的第二次工业革命，电力已经深入到现代化工业生产和居民生活的方方面面，在工业生产和人民生活中起到了举足轻重的作用。作为二次清洁能源，电能犹如现代文明社会的血液一样，为现代文明社会的各行各业源源不断地输送能量，扮演着不可替代的作用。电力工业的发展水平在很大程度上反映和代表了一个国家的现代化水平和工业发展水平。在电力工业中，电气绝缘材料技术作为电力工业最重要的技术之一，其发展水平在很大程度上体现了整体电力工业的发展水平，甚至在很多电力工业的关键环节，电气绝缘材料技术起着制约性的作用。如在特高压输变电技术高速发展的时代，特高压输变电设备用特高压套管、特高压GIS绝缘子等关键电气环节，电气绝缘材料技术甚至起着决定性的作用。为此，研究和发展电气绝缘材料技术显得尤为重要。

电气绝缘材料技术随着电力工业的发展而发展，最早使用的绝缘材料为天然材料，如棉布、丝绸、云母、橡胶等天然制品。在20世纪初，工业合成塑料酚醛树脂首先问世，其电性能好，耐热性高。随后又相继出现了性能更好的脲醛树脂、醇酸树脂。三氯联苯合成绝缘油的出现使电力电容器的比特性出现了一次飞跃（但因有害人体健康，后已停止使用），同时期还合成了六氟化硫（SF_6），SF_6的合成对电气工业的发展和提高起到了至关重要的作用。

20世纪30年代以来，人工合成绝缘材料得到了迅速发展，主要有缩醛树脂、氯丁橡胶、聚氯乙烯、丁苯橡胶、聚酰胺、三聚氰胺、聚乙烯及性能优异有"塑料王"之称的聚四氟乙烯等。这些合成材料的出现，对电力工业的发展起了重大作用。40年代以后不饱和聚酯、环氧树脂问世，粉云母纸的出现使人们摆脱了片云母资源匮乏的困境。

20世纪50年代以来，以合成树脂为基材的新材料得到了广泛应用，如不饱和聚酯和环氧等绝缘胶可供高压电机线圈浸渍用。聚酯系列产品在电机槽衬绝缘、漆包线及浸渍漆中使用，发展了E级和B级低压电机绝缘，使电机的体积和重量进一步下降。SF_6开始用于高压电器，并使其向大容量小型化发展。断路器的空气绝缘及变压器的油和纸绝缘部分地被SF_6所取代。

20世纪60年代含杂环和芳环的耐热树脂得到了巨大发展，如聚酰亚胺、聚芳酰胺、聚芳砜、聚苯硫醚等属H级及更高耐热等级的材料。聚丙烯薄膜在这一时期也成功地用于电力电容器。

20世纪70年代以来新材料的开发研究相对比较少，这一时期主要是对现有材料进行各种改性及扩大应用范围。对矿物绝缘油采用新方法精制以降低其损耗；环氧云母绝缘在提高其机械性能和实现无气隙以提高其电性能方面做了很多改进。电力电容器由纸膜复合结构向全膜结构过渡。1000kV级特高压电力电缆开始研究用合成纸绝缘取代传统的天然纤维纸。随着家用电器的普及，绝缘材料着火而导致重大火灾事故屡有发生，所以对阻燃材料的研究引起了重视。

随着电气电子工业的发展，发电设备高压大容量化，输变电设备高压、超高压、特高压化，中小型低电压电机小型轻量化，电气设备环境多样复杂化，使绝缘材料从数量到品种、从质量到性能、从制造到应用，从测试评定到基础理论研究等方面均有较大的发展。

绝缘材料的研制和开发的水平是影响制约电工技术发展的关键之一。从当前趋势来看，要求发展耐高压、耐热绝缘、耐冲击、环保绝缘、复合绝缘、耐腐蚀、耐水、耐油、耐深冷、耐辐照及阻燃材料，研发环保节能材料。重点是发展用于高压大容量发电机的环氧云母绝缘体系，如FR5、金云母等；中小型电机用的F、H级绝缘系列，如不饱和聚酯树脂玻璃毡板等，高压输变电设备用的SF_6气态介质，取代氯化联苯的新型无毒合成介质，高性能绝缘油，合成纸复合绝缘，阻燃性橡塑材料和表面防护材料等，同时要积极推动传统电工设备绝缘材料的更新换代。

1.1.2.2　GIS绝缘子结构发展历程

图1-7是典型的GIS绝缘子结构发展演化过程，从最早使用的盘式绝缘子，过渡到平面圆锥体形的盆式绝缘子，再到后来发展为目前大量使用的典型的曲面圆锥体形的盆式绝缘子。其中，最早的GIS设备中使用的绝缘子为盘式绝缘子，其整体形状类似一个圆盘，故称盘式绝缘子。盘式绝缘子的典型结构如图1-7（a）所示。最典型的GIS绝缘子结构主要由中心金属嵌件、环氧树脂本体以及外侧地电位嵌件（或金属法兰）三部分组成，这也是后期GIS绝缘子结构发展演化的基本结构。目前盘式绝缘子在超高压和特高压GIS中很少使用，但在一些电压低等级GIS设备中仍有一定的使用量，特别是在126kV和252kV的三相共箱式GIS中，三相共箱的盘式绝缘子依然大量使用，如图1-8所示。

随着电网系统的电压等级向着超高压、特高压的发展，GIS设备的电压等级相应提高，GIS绝缘子的形状也在发展和优化。为更好适应电压等级提高后的电场强度，增加GIS设备内部绝缘子的爬电比距，同时增大绝缘子的机械强度，盆式绝缘子应运而生。在GIS绝缘子演化发展的过程中，绝缘子中心金属嵌件和外侧金属法兰并没有特别大的变化，变化的主要是中间浇注的环氧树脂的材质及形状。最早的盆式绝缘子如图1-7（b）所示，其断面为一平面圆锥体，锥形盆式绝缘子在较小幅度改变GIS尺寸的基础上，显著增大了GIS内部的绝缘子表面的爬电比距，极大改善了GIS绝缘子与SF_6界面的电场强度，使得GIS设备的电压等级得到显著提高。随着GIS绝缘技术的发展，为改变锥形盆式绝缘子表面电场分布，通过对平面圆锥体盆式绝缘子进行优化设计，出现了优化升级后的断面为曲面圆锥形的盆式绝缘子。相较于平面圆锥形盆式绝缘子，曲面圆锥形盆式绝缘子具有更加优良的电场分布，成为目前使用量最大的盆式绝缘子。

（a）盘式绝缘子　　　　（b）盆式绝缘子（平面圆锥体）　　（c）盆式绝缘子（曲面圆锥体）

图 1-7　GIS 绝缘子结构发展演化过程

在 GIS 中考核绝缘子介电强度的过程中，沿面闪络是绝缘子故障的重要形式，因此降低绝缘子沿面闪络的概率是提高绝缘子介电强度的重要指标，相对于盘式绝缘子，锥形绝缘子的设计使绝缘子与 GIS 母线呈现了一定角度，利用有限的绝缘距离有效增大了绝缘子表面的爬电距离，大大增加了沿面放电的发展难度。绝缘子表面电场的切向分量也会影响沿面放电

图 1-8　三相共箱式 GIS 盘式绝缘子

的发展，盘式绝缘子的设计使绝缘子表面的电场基本都是沿着绝缘子表面的切向电场，而锥形的设计使得绝缘子表面的电场承担了一部分法向分量，不再完全由切向电场构成，因此锥形绝缘子的设计也可以通过降低表面切向电场强度来减小沿面放电的可能性。而盆式绝缘子则是在锥形绝缘子的基础上发展的，锥形绝缘子因为凹面侧在母线与绝缘子的 SF_6、环氧树脂、金属的三结合点处可能存在电场强度集中的问题，因此通过调整锥形绝缘子表面的弧度可以有效降低三结合点处的电场强度，同时可以通过中心导体和屏蔽罩形状的配合，有效屏蔽三结合点处的电场，且通过对弧面形状的调整与优化也可以很好地平衡绝缘子表面的电场强度分布情况，能更好地提高绝缘子的介电强度。同时，盆式绝缘子的设计也能够比较好地提升绝缘子的机械强度，绝缘子在使用中会受到 SF_6 气体的压力，在安装、检修的过程中可能会出现单面受力的极端情况，而原本盘式的设计会使得中心导体与绝缘本体界面上存在较大的剪切力，会增大界面处出现应力破坏的可能性。而盆式绝缘子的设计则可以将界面上的剪切力有效降低，使得绝缘子的机械强度有所提升，因此在超特高压的 GIS 中绝缘子的设计最终呈现为盆式绝缘子的形状。

1.1.2.3　GIS 绝缘子加工工艺发展历程

GIS 绝缘子主要的加工工艺就是环氧树脂真空浇注生产工艺，即以环氧树脂为基材，添加不同的固化剂、填料等，通过真空浇注形成不同尺寸、不同形状或结构的 GIS 绝缘子。环氧树脂（Epoxy Resin）是指含有两个或两个以上环氧基团，以脂肪族、脂环族或芳香族等有机化合物为骨架，并能通过环氧基团反应形成有用的热固性产物的高分子低聚体（Oligomer）。在欧洲环氧树脂被称为环氧化合物树脂（Epoxide Resin）。环氧树脂浇注是以原材料树脂加入固化剂及其他辅剂再填充入填料后，使这些混合物浇注充满模腔后凝固为不溶不熔的热固性聚合物制件的一个工艺过程。随着树脂、固化剂、填充剂及压力、温度、时间的不同而制造出不同用途的制件。

将环氧树脂用作浇注绝缘，在国外始于1950年前后，而在我国已有七十多年应用和发展的经历，其发展水平逐渐提高。早在20世纪60年代我国的环氧树脂浇注配方和工艺技术，不论是浇注设备和浇注工艺水平或是浇注后的产品质量，都属原始阶段，对浇注工艺的和配方组分还未全面了解，对环氧树脂浇注后的产品质量不能提出具体指标要求，能用环氧树脂浇注成一件不开裂的成形产品已属不易，对真正影响固化物性能的因素并不掌握。

20世纪70年代中期，在采用环氧树脂封装绝缘的电机、电器产品的质量有了明显提高后，科技人员对环氧树脂封装绝缘的可贵之处又有了进一步认识，由于环氧树脂浇注产品集优良的电性能和力学性能于一体，因此环氧树脂浇注在电气工业中得到了广泛的应用和快速的发展。环氧树脂及其助剂品种的发展和质量的提高，以及新产品的开发，不断适应我国浇注干式绝缘体系的技术进步对配方组分材料的需求，经过七十余年的努力，目前我国环氧浇注专用环氧树脂、固化剂、功能性助剂和填料等配套化工材料均可实现国产化，而且尚在不断发展中。

1.1.3　应用现状及市场分布

目前环氧浇注GIS绝缘子在国内外主要应用在72.5～1100kV GIS、GIL、干式出线套管（内锥绝缘子）等产品中，12～40.5kV开关柜中使用的固封极柱、触头盒、母线套管、支柱绝缘子为APG工艺（环氧树脂自动压力凝胶工艺）生产的环氧浇注绝缘子。国内从20世纪80年代初引进国外SF_6开关先进制造技术，并购置了环氧树脂真空浇注设备。目前国内几大开关设备生产企业，如西安西电开关电气有限公司、河南平高电气股份有限公司、新东北电气集团有限公司、山东泰开高压开关有限公司等，均具备GIS绝缘子环氧浇注的生产制造能力，主要是采用真空浇注成型技术进行绝缘浇注生产制造，在多年的生产应用过程中形成了一套完整、成熟的工艺技术，浇注出的产品具有优良的电性能、力学性能、耐腐蚀性能。

目前国内具备绝缘子生产能力且能自给自足的GIS高压电气厂家，如西安西电开关电气有限公司、河南平高电气股份有限公司；具备绝缘子生产能力但供货能力不足的GIS厂家，如上海思源高压开关有限公司、山东电工电气日立高压开关有限公司、北京ABB高压开关设备有限公司等；具备生产GIS能力但无绝缘子加工条件的，需对外采购绝缘子的GIS厂家，如西安西开高压电气有限公司等。中小型开关生产企业目前尚不具备环氧浇注绝缘子的生产能力，主要依靠外购方式，采购入厂后进行安装使用。

国内环氧浇注绝缘子（72.5～550kV）生产厂家主要有厦门麦克奥迪电气股份有限公司、上海雷博司电气股份有限公司、西安广缘电气有限公司、平顶山普惠电气有限公司等，并且具备绝缘子的试验检测能力，如三坐标尺寸检测、工频耐压及局部放电量检测、X射线探伤无损检测、热试验及机械性能的检测等。800kV及以上电压等级环氧浇注绝缘子均为各GIS厂家自主生产。APG注射绝缘子（12～40.5kV）由于市场准入门槛较低，中小型民营企业较多，竞争非常激烈。

GIS绝缘子环氧浇注原材料主要包括环氧树脂、固化剂、无机填料及界面处理剂导电橡胶。主要环氧浇注原材料厂家见表1-2。

表 1-2　　　　　　　　　　　　　主要环氧浇注原材料厂家

序号	材料名称		主　要　厂　家
1	环氧树脂		亨斯迈先进化工材料有限公司
			上海雄润有限责任公司
			厦门市宜帆达新材料有限公司
2	固化剂		亨斯迈先进化工材料有限公司
			上海雄润有限责任公司
			厦门市宜帆达新材料有限公司
			南通市永顺化工有限公司
3	无机填料	氧化铝	中国铝业股份有限公司郑州研究院
			泰安盛源粉体有限公司
			河南天马新材料股份有限公司
		二氧化硅	连云港东海硅微粉有限责任公司
4	导电橡胶		陕西华兴橡胶制品有限公司
			西北橡胶塑料研究所

1.2　绝缘子分类

GIS中各种绝缘件大量使用，绝缘件种类繁多、结构复杂、生产工艺质量要求严格、电气机械性能要求高，对绝缘材料技术水平提出很高的要求和挑战。绝缘材料技术的发展水平对GIS的技术发展水平起着至关重要的作用，甚至在某些关键部位，绝缘材料的技术水平往往成了对GIS起决定性的最关键的技术瓶颈。在GIS中使用的绝缘件主要包括各种支持绝缘子、绝缘拉杆、灭弧室喷口等绝缘部件，其中各种支持绝缘子是GIS内使用量最多的绝缘件。根据GIS相关标准规定，支持绝缘子是指用来支持一个或多个导体的内部绝缘子。通常来说，GIS绝缘子主要指支持绝缘子，主要包括盆式（盘式）绝缘子和支撑绝缘子两大类，其中盆式（盘式）绝缘子主要包括气隔盆式（盘式）绝缘子和通气盆式（盘式）绝缘子，支撑绝缘子包括各种形状的支柱绝缘子，如常规支柱绝缘子、各种绝缘筒、GIL用支柱绝缘子等。本书中的GIS绝缘子主要针对盆式绝缘子，重点针对气隔盆式绝缘子，后文中除特殊说明外，盆式绝缘子专指气隔盆式绝缘子。

1.2.1 盆式绝缘子

从结构上分，盆式绝缘子主要有带金属法兰和不带金属法兰两种，其中：带金属法兰的盆式绝缘子结构主要由中心金属嵌件、环氧浇注体及金属法兰三部分组成；不带金属法兰的盆式绝缘子结构主要由中心金属嵌件（导体）、环氧浇注体及地电位的嵌件三部分组成。从功能上分，盆式绝缘子主要有气隔盆式绝缘子（俗称"隔盆"）和通气盆式绝缘子（俗称"通盆"）。下面主要从不同功能的角度介绍气隔盆式绝缘子和通气盆式绝缘子。

1.2.1.1 气隔盆式绝缘子（隔盆）

1.带金属法兰气隔盆式绝缘子

典型的带金属法兰结构的气隔盆式绝缘子（三相分箱式）如图1-9所示，这种盆式绝缘子的中心为连接高电位金属部件或导体的中心金属嵌件，四周采用以 Al_2O_3 为填料、并在高真空下浇注和固化而成的环氧树脂复合体，树脂边缘设计有安装密封圈的密封槽结构，外圈为金属法兰，金属法兰上加工有固定螺栓用的孔及浇注树脂时的绝缘浇口，此浇口可用于现场运行时特高频局部放电信号的带电检测工作。

图1-9　气隔盆式绝缘子（带金属法兰结构）及绝缘浇注口

气隔盆式绝缘子一般用于断路器、隔离开关、互感器、单相母线等GIS单元，用来将左右两侧气室内的气体隔开，相邻气室内的SF₆不会相互流通，从而将气室划分成若干个小气室。气隔盆式绝缘子通常用红色标识显示，如图1-10所示。根据GIS相关标准规定，气室划分时主要考虑的因素有：

图1-10 气隔盆式绝缘子（带金属法兰结构）
在 GIS 中的应用

（1）当间隔内元件设备检修时，不应影响未检修间隔设备的正常运行。

（2）应将内部故障电弧的影响限制在故障隔室内。

（3）断路器宜设置单独隔室。

（4）主母线隔室划分应充分考虑气体回收装置的容量和分期安装的方便。

（5）连接在母线上的设备，如电压互感器、避雷器等应分隔。

（6）与GIS外连的设备应分隔。

由上述GIS气室划分的相关标准规定可以发现，通过气隔盆式绝缘子对GIS设备气室的合理划分，可以显著缩小和控制GIS设备发生故障时的故障范围，特别是缩小GIS内部故障电弧对SF₆气体的影响范围；也可使GIS设备在进行组装及运维检修作业时对SF₆气体的回收和充气过程更加便捷快速（国家电网公司规定：单个GIS母线气室的SF₆气体回收时间应小于8h），尽量减小作业时间对设备运行及电网供电可靠性的影响。

气隔盆式绝缘子将气体绝缘金属封闭开关设备中的高电位导体通过此盆式绝缘子固定，起到支撑导体、对地绝缘、承受SF₆气体压力和密封的作用，此外带金属法兰的盆式绝缘子使整个气体绝缘金属封闭开关设备的外壳电气联通，整体处于同一电位。

2.不带金属法兰气隔盆式绝缘子

图1-11和图1-12是典型的不带金属法兰的气隔盆式绝缘子（隔盆），其中图1-11中的盆式绝缘子是装设在GIS设备外部、连接GIS两侧罐体及内部导体的盆式绝缘子；图1-12中的盆式绝缘子是装设在GIS内部、主要连接内部金属导体的结构。不带金属法兰的气隔盆式绝缘子中间是连接高电位部件的铝合金嵌件，四周采用以Al₂O₃为填料的环氧树脂复合体，在高真空下经过复杂工艺浇注和固化而成，外圈不带金属法兰，树脂外沿带有用于安装螺栓的孔。这种不带金属法兰的气隔盆式绝缘子与带金属法兰的绝缘子相同，安装在相邻罐体金属法兰上，将气体绝缘金属封闭开关设备的母线分隔成不同的气室，气室划分原则与上述带金属法兰盆式绝缘子也相同，相邻隔室内的SF₆气体不会相互流通，避免了故障放电时受污染的SF₆气体扩散至整条母线气室，也可使设备充放气更加高效。

图 1-11　气隔盆式绝缘子（不带金属法兰结构）

　　不带金属法兰的气隔盆式绝缘子在GIS外部安装时，绝缘子外部也用红色标识标记，如图1-13所示。此不带金属法兰的气隔盆式绝缘子与带法兰结构的主要功能接近，对内起到支撑、导通GIS内部金属导体以及导体与外壳之间电气绝缘等作用，对外起到固定盆式绝缘子本体、保证GIS整体密封性的作用。不同之处在于，不带金属法兰的盆式绝缘子未将两侧GIS外壳电气联通，为保证GIS外壳整体电位一致，需要在不带金属法兰的盆式绝缘子两侧壳体之间，单独装设金属短接板或跨接片，实现整体外壳电位统一，如图1-13所示。

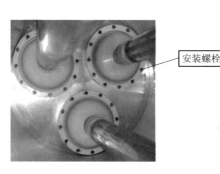

安装螺栓

红色标识

图 1-12　GIS 内部安装的气隔盆式绝缘子　　图 1-13　气隔盆式绝缘子（不带金属
　　　　　（不带金属法兰结构）　　　　　　　　　　法兰结构）在 GIS 中的应用

1.2.1.2　通气盆式绝缘子（通盆）

　　通气盆式绝缘子（通盆）中间是连接高电位部件的中心嵌件，四周采用以Al_2O_3为填料的环氧树脂复合体系并在高真空下经过复杂工艺浇注和固化而成，树脂浇注时留有用于气体流通的通气孔，树脂边缘设计有安装密封圈的密封槽结构，如图1-14所示。

　　通气盆式绝缘子一般用于隔离开关、单相母线等，此绝缘子的树脂面上浇注有通气孔（或在中心导体中间加工通气孔），相邻气室的SF_6气体可以相互流通，仅是用来将气体绝缘金属封闭开关设备中的高电位导体通过此结构固定到壳体上，起到支撑导体、对地绝缘和对外密封的作用。通气盆式绝缘子（通盆）常用绿色标识显示。如图1-15所示。

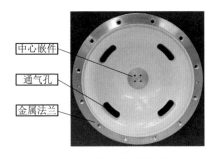

中心嵌件

通气孔

金属法兰

图 1-14　通气盆式绝缘子
（带金属法兰结构）

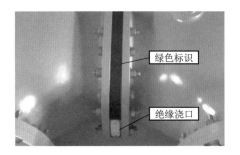

绿色标识

绝缘浇口

图 1-15　通气盆式绝缘子
（带金属法兰结构）绝缘浇口

1.2.2　盘式绝缘子

与盆式绝缘子不同，盘式绝缘子整体呈圆盘形，故称盘式绝缘子。需要指出的是，在部分情况下，为了便于统计，也会将盆式绝缘子和盘式绝缘子统称为盆式绝缘子。盘式绝缘子除了横截面与盆式绝缘子有区别外，主要结构及组成与典型的盆式绝缘子相似，主要由中心金属嵌件、环氧树脂本体以及外侧金属法兰三部分组成。典型的气隔盘式绝缘子和通气盘式绝缘子分别如图 1-16 和图 1-17 所示。目前盘式绝缘子由于爬电比距和电场裕度较小等原因，在超高压和特高压 GIS 中很少使用，但在126kV 和 252kV GIS 设备中仍大量使用，特别是在三相共箱式 GIS 中，三相共箱的盘式绝缘子依然大量使用。图 1-18 和图 1-19 分别是三相共箱式气隔盘式绝缘子和三相共箱式通气盘式绝缘子。低电压等级的 GIS 绝缘子因其三相共箱的结构，为了适应对称的三相结构，GIS 中往往使用三相盘式绝缘子，三相母线呈等边三角形或者“品”字形分布，因 GIS 的电压等级低，因此在盆式绝缘子设计上有较大的裕度，三相盘式绝缘子的设计可以满足对于电场强度以及爬电距离的要求，而盘型的设计也更利于三相母线的安装。当电压等级提升时，三相共箱的盘式绝缘子已经不能满足 GIS 对绝缘子电气强度以及机械强度的要求。

图 1-16　气隔盘式绝缘子

图 1-17　通气盘式绝缘子

图 1-18　三相共箱式气隔盘式绝缘子　　　图 1-19　三相共箱式通气盘式绝缘子

1.2.3　支撑绝缘子

1.2.3.1　常规支撑绝缘子

　　在GIS的绝缘子中，除了上述介绍的气隔式或通气式的盆式绝缘子和盘式绝缘子外，另一类装用量巨大的绝缘子就是各种支撑绝缘子。常见的支撑绝缘子主要包括GIS母线、断路器等用的支柱式支撑绝缘子（也称支柱绝缘子），以及断路器、隔离开关等用的各种绝缘筒或绝缘台。

　　图1-20为典型的GIS母线支柱式支撑绝缘子，GIS支撑绝缘子连接高电位母线导体部件与地电位外壳，起着支撑与对地绝缘的作用，同时具有良好的绝缘性能和机械强度，图1-21是典型的1100kV GIS母线支柱式支撑绝缘子在母线筒内的安装示意图。支柱式支撑绝缘子与高电位母线导体相连的部位以及与外壳相连的部位，分别浇注有金属嵌件，起到固定和支撑的作用，同时通过电场和结构优化设计，也起到一定的屏蔽作用。

图 1-20　典型的 GIS 母线支柱式支撑绝缘子

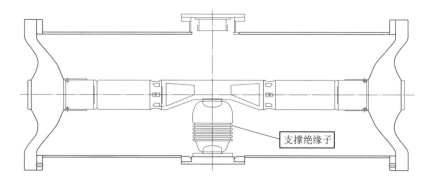

支撑绝缘子

图 1-21　1100kV GIS 母线支柱式支撑绝缘子

800kV GIS用绝缘子如图1-22、图1-23所示，断路器灭弧室中部需要通过支撑绝缘子固定在壳体上，以保证断路器操作过程中的稳定性。支撑绝缘子联系高电位灭弧室与地电位壳体，起着支撑与对地绝缘作用。

1100kV GIS绝缘子在进行结构设计时，考虑更多的是电场分布的均匀性、受尺寸和形状影响的电极耐受最大冲击场强的能力，以及绝缘子表面场强、绝缘子内部工作场强和支撑绝缘子的壳体表面场强。1100kV GIS常用的支撑绝缘子如图1-24～图1-26所示。

断路器用
支撑绝缘

图 1-22　800kV 支撑绝缘子

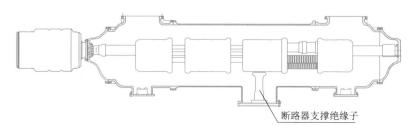

断路器支撑绝缘子

图 1-23　800kV 断路器支撑绝缘子位置

图 1-24　1100kV GIS 断路器用、隔离开关用和母线用支撑绝缘子

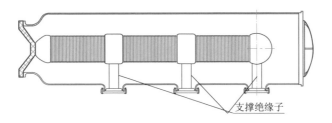

图 1-25 1100kV 断路器合闸电阻用支撑绝缘子

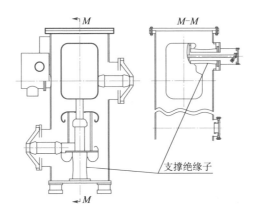

图 1-26 1100kV 隔离开关用支撑绝缘子

　　图 1-27 为典型的 363kV GIS 设备的三相共箱母线用支撑绝缘子，中间为连接高电位母线导体的中心嵌件，四周采用以 Al_2O_3 为填料的环氧树脂复合体系并在高真空下浇注和固化而成，两端为金属嵌件，用于固定安装在罐体内的金属支撑件上。图 1-28 是其在 GIS 设备中的应用情况。支撑绝缘子安装在气体绝缘金属封闭开关设备三相共箱主母线中，三相共箱母线是将三相主回路元件装在一个共用的罐体内，支撑绝缘子用来支持和固定带电导体并使三相带电导体间保持足够的绝缘距离，因此起到支撑导体、对地绝缘和相间绝缘的作用。

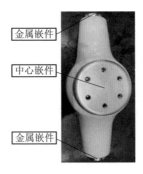

图 1-27 363kV GIS 设备用支撑绝缘子　　图 1-28 363kV 支撑绝缘子在 GIS 设备中的应用

1.2.3.2　GIL 支撑绝缘子

GIL（Gas-insulated Metal-enclosed Transmission Line），即气体绝缘金属封闭输电线路，它源于SF$_6$绝缘的金属封闭母线，是一种采用高压气体绝缘、外壳与导体同轴布置的高电压、大电流电力传输装备。GIL主要由铝合金外壳、铝合金导体、SF$_6$绝缘气体及环氧绝缘子组成。GIL的电气特性与架空线路相似，但具有载流能力强、空间布置灵活方便、运行寿命长、运行可靠性高、损耗低、检修维护少、气候敏感度低、无绝缘老化问题、适应于高落差输电等特点。GIL是架空输电方式在地理或环境条件受限情况下的重要补充，在特高压工程中具有较好的应用前景。GIL的敷设方式包括廊道敷设、架空敷设、隧道敷设和直埋敷设，目前通常采用架空敷设和隧道敷设两种方式。其中架空敷设方式多应用于变电站和发电站联网，隧道敷设是根据实际应用环境而采取的一种特殊方案，通过挖掘隧道来提供GIL输电环境，在隧道内敷设GIL来解决特高压输电问题，主要应用于城市地下长廊、过江隧道、穿山隧道，也可与其他工程共用隧道。

目前GIL在电力系统中逐步扩大应用，装用量正在稳步上升。世界电压等级最高、输送容量最大、单体GIL最长的苏（苏州）——通（南通）GIL综合管廊工程已于2019年9月26日正式投运，该综合管廊输电电压等级为1000kV，总输送容量达10GW，管廊内布置有2000多个GIL单元，每个GIL单元长18m，通过GIL输电技术，将杆塔间距450m、宽度近百米的双回1000kV特高压输电线路走廊，压缩至10.5m的隧道之中，是目前世界技术水平最高的GIL工程。

GIL绝缘子中，大量使用的除了气隔盆式绝缘子和通气盆式绝缘子外，另一类大量使用的绝缘子是三支柱绝缘子，如图1-29所示。GIL三支柱绝缘子主要由套筒、环氧树脂浇注本体和嵌件等构成，三支柱绝缘子的沿面为哑铃形设计，三个支柱端部设有嵌件，用于与壳体连接，中心设有套筒，用于与导体连接。GIL用绝缘子具有绝缘结构典型，材料特性复杂，界面效应强，多场耦合难，放电形式多样的特点，其性能的优劣直接影响GIL输电工程的安全可靠性。

三支柱绝缘子分为固定三支柱绝缘子和滑动三支柱绝缘子，GIL具体应用位置如图1-30所示。绝缘子外侧接微粒捕集器，以屏蔽电场，捕捉微粒。固定三支柱绝缘子设置在每段母线端部位置。固定三支柱绝缘子与导体相对固定后通过固定板与罐体焊接，防止母线因运输或吊装使导体与罐体间产生相对位移。滑动三支柱绝缘子与导体是相对固定的，三支柱绝缘子与壳体可以相

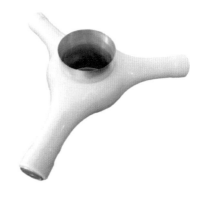

图 1-29　1100kV GIL 用三支柱绝缘子

对滑动来实现导体与壳体间由于热胀冷缩等原因产生的轴向相对位移。

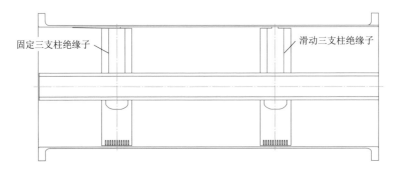

固定三支柱绝缘子　　　　　　　　　　　　滑动三支柱绝缘子

图 1-30　1100kV GIL 用三支柱绝缘子应用位置

　　GIL 三支柱绝缘子用于支撑导体并保持高压导体部分与低压壳体部分的绝缘。它由嵌件、嵌筒、环氧树脂和微粒捕集器组成，微粒捕集器由薄铝板旋压而成，底端开有一系列长条孔，与外壳可靠连接形成低电场区，使进入壳体内部的导电微粒运动到微粒补集器的粒子陷阱后不再带电，可极大提高设备的运行稳定性，降低事故发生。固定三支柱绝缘子通过固定板与壳体内壁焊接在一起，活动三支柱绝缘子下端两个支柱带有滚轮，可沿壳体内壁滑动，配合波纹管吸收壳体和导体由于热胀冷缩产生的相对位移。顶端支柱可通过铜触头、铜线等与外壳连接保证等电位，防止三个支柱中的嵌件电位悬浮。

第 2 章　绝缘子设计技术

2.1　概述

近年来，在电力系统中，气体绝缘金属封闭开关设备（GIS）得到了广泛应用。所谓GIS，就是把断路器、隔离开关、接地开关、互感器、避雷器、导体等设备或部件全部封装在接地的金属壳体内，壳体内充以一定压力的具有优异灭弧和绝缘性能的气体，作为相间和对地的绝缘介质的一种电气设备。而绝缘子作为GIS中的重要部件，其作用及要求为：①固定母线及母线的插接式触头，使母线由一个气室引到另一个气室，要求有足够的机械强度；②确保母线对地或相间（共箱式结构）绝缘，要求有足够的绝缘强度；③密封作用，要求有足够的气密性和承受压力的能力。

目前，国内外GIS中使用的绝缘子包括盘式绝缘子、锥式绝缘子和盆式绝缘子。早期国外文献对锥式绝缘子表面电场分布规律的研究较为深入，包括绝缘子尺寸和相对介电常数、表面缺陷、导电微粒等对绝缘子电场的影响。但对用于更高电压等级、结构更为复杂的盆式绝缘子的研究较少。国内对低电压等级的绝缘子电场研究也较多，且已针对其电场分布进行优化。其中：通过ANSYS软件自带优化工具设计屏蔽罩来改善绝缘子电场分布，但该方法的优化范围较小，不适用于改变屏蔽罩整体轮廓以寻找多个目标电场函数的相对最优值；采用动态神经网络法通过改变关键点的位置对盆式绝缘子的形状进行优化，得到了一种盆式绝缘子的优化结构，该方法对优化屏蔽罩形状具有参考意义。此外，已有的对特高压交流盆式绝缘子的研究仅限于对其电气、机械性能的校核，没有针对电场安全裕度进行进一步优化，据统计，GIS在出厂试验中，盆式绝缘子的沿面闪络和局放超标问题突出，而盆式绝缘子作为GIS中主要的高压导体支撑部件，它的绝缘水平、气密性及机械强度直接关系到GIS的整体性能，因此，盆式绝缘子的设计也是GIS设计中的关键环节。

利用有限元分析软件，按实际尺寸建立精细模型，对盆式绝缘子的电位、电场分布进行数值计算，初步分析盆式绝缘子结构的电场分布。

针对盆式绝缘子的现有设计方案，考虑导致其闪络电压降低的因素，分析这些因素对盆式绝缘子表面电场分布的影响。

考虑到遗传算法是目前比较流行且应用较好的算法，结合MATLAB 与ANSYS软件，运用带精英策略的快速非支配排序遗传算法，以盆式绝缘子屏蔽罩的轮廓作为决策变量，以凹面和屏蔽罩表面最大电场强度作为目标函数，对盆式绝缘子结构进行优化设计。

2.2 绝缘子的机械性能设计

盆式绝缘子的根本性作用是为高电位导体提供支撑，其中需要支撑的外力基本分为两部分，一部分是为临近的悬空导体自身重力提供的支撑，另一部分是在运行、试验等状态下为临近导体所受电动力提供的支撑。

当盆式绝缘子竖直安装时，所受重力及绝大部分电动力的方向是与嵌件的轴向垂直的，此时，嵌件的半个侧面均压迫在环氧树脂上，环氧树脂承受较大面积的剪切力，受压并产生反弹力用于抵消所需支撑力；当盆式绝缘子水平安装时，上下两端导体的重力方向平行于中心导体的轴向并指向下方，电动力的方向则垂直于中心导体的轴向，此时，中心导体侧面的环氧树脂承受剪切力，弹力可用于抵消电动力；同时，屏蔽环突起侧环氧树脂同样承受剪切力，弹力可用于抵消导体重力。垂直和水平装配时嵌件对盆式绝缘子的剪切面示意图如图2-1所示。

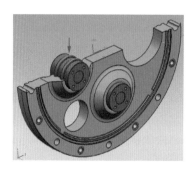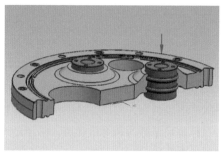

图 2-1　垂直和水平装配时嵌件对盆式绝缘子的剪切面示意图

根据使用位置的不同，盆式绝缘子的承重可有多种设计，嵌件侧向及轴向的剪切力均需满足两种使用条件中的最大值，同时结合设备检修周期的要求，真正的承受能力还需要增加老化裕度系数，便于等效设备寿命后期的老化状态承重。

盆式绝缘子的嵌件，既要有一定的直径尺寸，保证正常的通流能力，又要保证足够的固定和支撑强度，所以它与环氧树脂间需要形成足够的黏结能力，才能够更大地承载重力和电动力负荷，同时要在浇注时避免气泡、孔隙的形成，避免出现贯通性缺陷导致气体泄漏，所以，盆式绝缘子在结构上需要形成足够大的剪切截面，同时又要保证绝缘强度及制造工艺的要求，以便综合制定设计尺寸。

2.2.1 嵌件材料的选择

金属嵌件与环氧树脂的温度线膨胀系数不同，当工作温度变化时，两种材料热胀冷缩不一致，绝缘件内残留应力较大，严重者会引起黏结处开裂。

环氧树脂温度膨胀系数 $\alpha=26\times10^{-6}/K$，黄铜 $\alpha=18.7\times10^{-6}/K$，铝 $\alpha=23.9\times10^{-6}/K$。因此嵌件选用铝材更为合理，两者膨胀系数相近，温度变化时，内部残留应力较小，不易出现嵌件粘接面开裂现象。

2.2.2 嵌件的滚花黏接设计

嵌件应力计算表明，外圆凸出的嵌件，盆式绝缘子承受气压时，嵌件表面黏结处应力较大；外圆凹向内的嵌件，粘接面应力较小；为增大黏结力，嵌件外圆局部滚花是必要的。

在嵌件的侧表面，加工出较粗糙的滚花图案，如图2-2所示，可保证环氧树脂与铝或铜嵌件间的交叠黏结，大大加强金属的附着力，从而保证其提供更加可靠和稳定的固定基准及密封性能。但是作为高压电极，滚花意味着存在尖角，在高压电极设计过程中应极力避免，因此在每组滚花的两端，均需设计相应的屏蔽环，用于屏蔽并改善尖角和树脂形成的空隙处的电场，回避结构性微放电累计形成的绝缘老化和破坏。

因浇注的需要，这种屏蔽环的高度受限，否则环氧树脂在浇注时无法保证工艺性能，易形成大块或贯通性缺损，通常屏蔽环高度应略小于滚花段宽度，常见比例为0.40~0.75。如果一组滚花无法满足强度需要，可多设几组滚花，保证整体黏结效果。垂直于轴向的强度主要取决于盆式绝缘子的厚度设计，基本剪切面是中心导体直径与盆子浇注厚度间形成的矩形截面。

2.2.3 光滑界面的密封性黏结设计

在嵌件内侧加工出连续的光滑凸凹槽，如图2-3所示，凸凹槽间的截面差用于提供对环氧树脂的剪切力，从而保证可承载足够大的径向机械外力；同时光洁的圆滑过渡，可让环氧树脂与金属间形成气密效果，尤其在两端存在压差时效果较好。虽然硬对硬密封属于不稳定密封，但一次浇注成型、不存在反复错位装配的情况下，其密封效果依然较好，只是使用时需避免反复冲击性受力。垂直于轴向的强度依然取决于盆式绝缘子的厚度设计，基本剪切面是中心导体断面与盆式绝缘子浇注厚度间形成的矩形截面。

图 2-2 嵌件的滚花黏结设计   图 2-3 中心导体的光滑界面黏结设计

2.2.4 嵌件与环氧树脂分接面的布置

嵌件与树脂之间在径向不能有裸露的分接面，合理的设计是将分接面 A 布置在轴向，如图 2-4 所示。

如果将嵌件与环氧树脂的分接面沿径向布置，分接面会产生局部开裂，如图 2-5 中左侧所示。浇注后的盆式绝缘子在保温固化脱模后，冷却过程中嵌件与环氧树脂会产生双向背离式收缩，而且嵌件散热快、冷却快，在轴向收缩速度比环氧树脂快，嵌件向上收缩力一旦超过分接面的黏应力时，嵌件向上回缩形成局部开裂；继续冷却，环氧树脂沿径向收缩的同时又沿轴向向下收缩，进一步扩大裂口。上述分析说明，不合理的分接面设计给分接面开裂制造了条件，而且，一旦开裂就会形成的楔形气隙，局部场强显著增大，存在极大的击穿风险。

合理的设计应如图 2-5（右边）所示，将分接面沿轴向布置。盆式绝缘子固化冷却时，嵌件的 B 圆面被环氧树脂包围，树脂环 C 在外冷却快，先收缩对嵌件形成抱紧应力 F，随温度继续下降，嵌件与环氧树脂在径向同向收缩，而且环氧树脂温度系数（$26 \times 10^{-6}/\text{K}$）又稍大于铝（$23.9 \times 10^{-6}/\text{K}$），因此在同步同向收缩中，环氧树脂收缩又快于嵌件，环氧树脂环 C 对嵌件有一个持续的抱紧应力 F，分接面永远不会开裂。

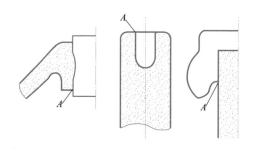

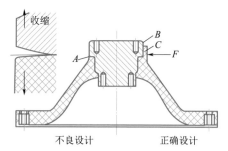

图 2-4 合理的嵌件环氧树脂分接面设计   图 2-5 嵌件－树脂分接面设计

A—分接面；B—嵌件的圆面；C—树脂环；
F—抱紧应力

2.2.5 嵌件固定强度设计

根据装配允许的最大使用长度，可计算出盆式绝缘子的极限承载能力。根据使用时所受的最大弯矩，以及电接触面的接触压力等参数可以选择固定的螺钉孔数量及深度、位置等内容，但极限承载能力应以承重弯矩、短路电流的瞬间电动力弯矩和额定电流的瞬间电动力弯矩等叠加最大值为准（额定电流、短路电流的瞬间电动力弯矩原理相同，与重力同方向时叠加值最大）。

其中，导体所受最大电动力为短路电流下的相间电动力，计算公式为

$$F_{d\max} = \sqrt{3}\, K I_{sh}^2 (L/S) \times 10^{-7} \tag{2-1}$$

式中：$F_{d\max}$ 为导体相间电动力；K 为导体的形状系数；I_{sh} 为短路电流；L 为载流导体的长度；S 为平行载流导体的轴间距。

当电动力方向与重力方向重合时，导体受力达到最大值，可作为强度设计的依据，具体计算公式为

$$F_s = mg + F_{d\max} = mg + \sqrt{3}\, K I_{sh}^2 (L/S) \times 10^{-7} \tag{2-2}$$

式中：F_s 为导体受力最大值；m 为导体质量；g 为重力加速度。

从式（2-2）可看出，力矩的计算也可通过增加一定的安全裕度获得，并可得到工程设计的极限支撑长度，方便推广应用于工程设计。

2.2.6 嵌件收缩应力的影响

绝缘子嵌件，尤其是三相共箱式盆式绝缘子，嵌件多，又集中分布在盆式绝缘子中心部位，因此中心部位残留应力很大，水压试验时，此处易破。故在设计时增大中心部位的厚度，用局部补强设计来对抗残留应力的影响是十分必要的。以往的一些失败的设计，如图2-6（a）所示，其主要原因就是没有注意三个嵌件残留应力的影响。图2-6（b）将中心部位尺寸 δ_2 加大之后，盆式绝缘子耐水压试验值显著提高，而盆式绝缘子总体重量增加很少，并可通过应力计算最终确认其各部位厚度。

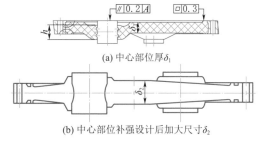

(a) 中心部位厚 δ_1

(b) 中心部位补强设计后加大尺寸 δ_2

图 2-6 三相共箱盆式绝缘子的补强设计

2.2.7 嵌件黏结高 h 对其平行度的影响

嵌件与环氧树脂结合面的高度 h ［见图2-6（a）］设计，在绝缘件冷却收缩时因嵌件四周收缩应力分布的不均匀性，当 h 值偏小时，嵌件平行度 ［见图2-6（a）］难以保证，设计时需加大 h 值。

2.3 绝缘子的电气性能设计

2.3.1 屏蔽内环优化

126kV盆式绝缘子产品见图2-7，其主要结构包括：金属法兰、屏蔽内环、导体和环氧树脂，一般采用三相共箱式。

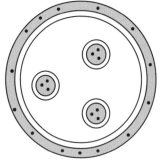

126kV盆式绝缘子模型如图2-8所示，利用三维软件建立与现有产品结构相符的实体模型，具体如图2-8（a）所示；在实际运行中，缝隙气隙填充气体为空气；采用圆环形单屏蔽内环的盆式绝缘子结构如图2-8（b）所示；双圆环形屏蔽内环的盆式绝缘子结构如图2-8（c）所示；三者的唯一区别为采用的屏蔽内环结构不同。现有的盆式绝缘子场强设计基准见表2-1。

图2-7　126kV 盆式绝缘子产品图

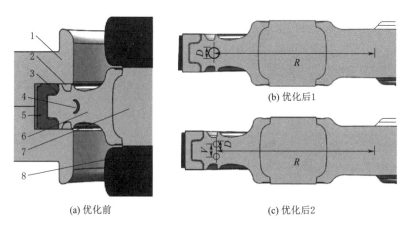

(b) 优化后1

(a) 优化前

(c) 优化后2

图 2-8　126kV 盆式绝缘子模型

1—接地壳体；2—密封圈；3—缝隙气隙；4—屏蔽内环；5—金属法兰；
6—盆式绝缘子环氧树脂浇注体；7—导体；8—屏蔽罩

表 2-1　　　　　　　　　　　盆式绝缘子场强设计基准

绝缘种类	电压种类	位置	电场强度 / (kV · mm⁻¹)
0.42MPa的SF₆	雷电冲击	绝缘件表面	13.45
	雷电冲击	GIS内部SF₆气体中允许强度	25.40
空气	出厂耐压	空气气隙	3.00
环氧树脂	雷电冲击	树脂内部	30.00

仿真时，盆式绝缘子的一相施加高电位，其余两相的导体、金属法兰、屏蔽内环及SF₆气体外侧的壳体接地。

根据设计标准的要求施加电压，通过有限元计算，得到现有运行的盆式绝缘子各关键部位的电场分布云图，如图2-9所示。

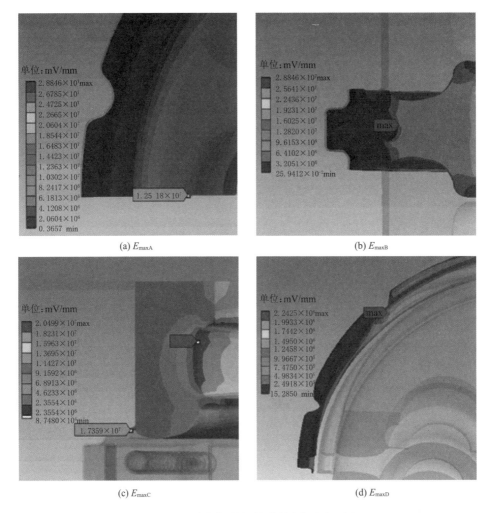

(a) E_{maxA}　　　(b) E_{maxB}

(c) E_{maxC}　　　(d) E_{maxD}

图2-9　盆式绝缘子关键部位的电场分布云图

在高电位施加550kV时：

环氧树脂浇注体表面最大场强（下文统一简称为表面，用E_{maxA}表示）达到12.52kV/mm，如图2-9（a）所示。

屏蔽内环与环氧树脂浇注体的交界处最大场强（下文统一简称为屏蔽内环交接处，用E_{maxB}表示）达到28.85kV/mm，如图2-9（b）所示。

密封圈表面的最大场强（下文统一简称为密封圈，用E_{maxC}表示）出现在与SF_6的接触处，达到17.36kV/mm，如图2-9（c）所示。

在高电位施加389kV时，环氧树脂浇注体与金属法兰间的空气气隙最大场强（下文统一简称为空气，用E_{maxD}表示）达到2.24kV/mm，如图2-9（d）所示。

通过计算结果可知，各部分的电场强度均在设计标准的允许值范围内，符合电场强度的设计标准。

在实际运行中，由于屏蔽内环接地后，会将金属法兰附近的电场等位线推向屏蔽内环附近，使得密封圈、金属法兰、浇注体间的空气气隙的场强降低，一方面缩短了高电位与低电位之间的绝缘距离；另一方面，现有运行的大部分产品的屏蔽内环多采用圆环形螺旋弹簧，其曲率半径较小，由于边缘效应，使得屏蔽内环靠近高压侧端部场强集中；因此，在屏蔽内环接地后，会导致屏蔽内环与环氧树脂的交界处电场强度较大。

对110kV盆式绝缘子采用无屏蔽内环结构设计进行仿真。仿真条件和方法，与存在屏蔽内环的现有运行盆式绝缘子一致。通过有限元仿真，对存在屏蔽内环与无屏蔽内环的各关键部位最大电场强度进行对比，见表2-2。

表 2-2　　　　　　　　　各关键部位最大电场强度对比

关键部位	存在屏蔽内环的现有产品 / (kV·mm⁻¹)	无屏蔽内环 / (kV·mm⁻¹)	相差百分比 /%
表面	12.52	10.21	18.45
密封圈	17.36	55.82	−221.54
空气	2.24	8.98	−300.89
屏蔽内环交界处	28.85	无	无

由表2-2的对比结果可知，在失去屏蔽内环后，密封圈表面的最大场强、空气气隙区域的最大场强变大，盆式绝缘子的表面最大场强降低。

无屏蔽内环与存在屏蔽内环（现有产品）的表面电场分布如图2-10所示，可以看出，在径向距离28~69mm范围内，两种设计的表面电场变化趋势相似，屏蔽内环的表面最大电场强度大于无屏蔽内环的表面最大电场强度。

在径向距离69~90mm区域中，无屏蔽内环设计的表面最大电场强度大于存在屏蔽内环（现有产品）的设计。在采用无屏蔽内环的设计结构时，其表面最大电场强度低于采用屏蔽内环（现有产品）的设计结构。通过分析表明，由于屏蔽内环（现有产品）的存在，对盆式绝缘子表面的电场分布产生了影响。

单屏蔽内环设计的仿真及优化现有产品的盆式绝缘子的屏蔽内环,采用圆形螺旋弹簧结构。相邻两圈的弹簧存在缝隙,在实际的结构中,这段缝隙的填充材料为环氧树脂。在屏蔽内环接入低电位后,低电位呈现为螺旋形分布。由于低电位表面连接不平滑,使得屏蔽内环与环氧树脂浇注体的界面电场强度偏大,而采用圆环形单屏蔽内环,可以使得屏蔽内环的表面连接更加平滑,从而降低屏蔽内环交界处的电场强度。通过有限元计算,得到单屏蔽内环交接处电场分布如图2-11所示,可知采用圆环形单屏蔽内环交接处的最大电场强度降为17.79kV/mm。

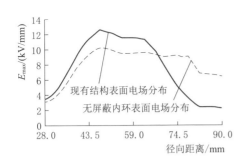

图2-10 盆式绝缘子表面电场分布曲线

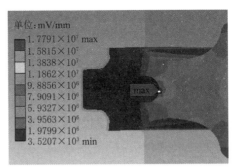

图2-11 单屏蔽内环交接处电场分布

采用圆环形单屏蔽内环结构虽然可以降低屏蔽内环交接处的最大电场强度,但采用圆环形单屏蔽内环会使得材料成本增加,因此有必要对圆环形单屏蔽内环进行优化。本书中对不同位置的圆环形单屏蔽内环模型设计进行仿真。考虑到本书中研究的盆式绝缘子的最小厚度和长度等因素,本书中设计的圆环形单屏蔽内环的外围直径 D、半径 R 仿真参数约束为(单位为mm):$207 \leqslant R \leqslant 15$;$5 \leqslant D \leqslant 0$。通过仿真,绘制了外围直径 D、半径 R 变化时,圆环形单屏蔽内环的盆式绝缘子表面、密封圈交界处、屏蔽内环交界处和空气间隙最大电场强度的变化曲线,如图2-12~图2-15所示。

通过图2-12~图2-15可以发现,随着外围直径 D、半径 R 的变化,表面最大电场强度与密封圈交界处呈相反的变化规律,即当屏蔽内环的半径 R 越大、外围直径 D 越小时,表面最大电场强度越小,而密封圈交界处的最大电场强度越大。在变化参数约束内,屏蔽内环交界处和空气间隙的最大电场强度均符合电场强度标准,所以在通过改变屏蔽内环参数来优化表面最大电场强度时,应重点考虑对密封圈交界处最大电场强度的影响,即密封圈交界处最大电场强度的取值,直接影响到表面最大电场强度的优化程度。

在优化设计时,应考虑对可能产生影响的各部分区域进行分析,并留有一定的裕度。在优化表面最大电场强度时,密封圈交界处、空气间隙和屏蔽内环交界处最大电场强度满足式(2-3):

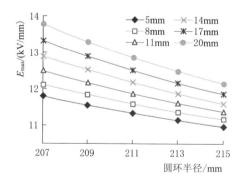

图 2-12　表面最大电场强度

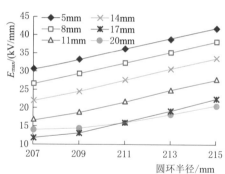

图 2-13　密封圈交界处最大电场强度

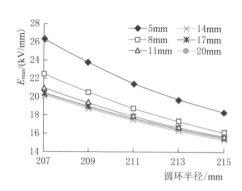

图 2-14　屏蔽内环交界处最大电场强度

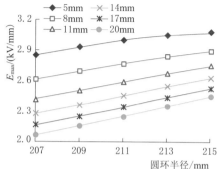

图 2-15　空气间隙最大电场强度

$$\begin{cases} \max\left[f\left(E_{\max B}\right)\right] \leqslant 28.5\text{kV}/\text{mm} \\ \max\left[f\left(E_{\max C}\right)\right] \leqslant 2.5\text{kV}/\text{mm} \\ \max\left[f\left(E_{\max D}\right)\right] \leqslant 18.5\text{kV}/\text{mm} \end{cases} \qquad (2\text{-}3)$$

综上所述，当外围直径$D=17.65$mm、半径$R=213.41$mm时，各部分的最大电场强度及优化百分比见表2-3。

表 2-3　　　　　　　　　　　关键部位最大电场强度对比

关键部位	优化前现有产品/ （kV·mm⁻¹）	优化后/ （kV·mm⁻¹）	相差百分比/%
表面	12.52	12.22	2.40
密封圈	17.36	18.40	−5.99
空气	2.24	2.43	−8.48
屏蔽内环交界处	28.85	16.31	43.47

如表2-3所示，虽然通过改变圆环形单屏蔽内环的参数，可以优化表面最大电场强度，但优化效果不明显。通过分析可知，屏蔽内环采用单环时，若要减小表面最大电场强度，可以采用减小外围直径D，增大半径R的方法，与减小密封圈交界处最大电场强度，采用减小半径R、增大外围直径D的设计方法冲突。若将屏蔽内环上移，理论上可以增加对近处密封圈的屏蔽效果，但也减小了对远处密封圈的屏蔽效果。

双圆环形屏蔽内环设计的仿真及优化鉴于以上分析，提出采用对称的双圆环形屏蔽内环结构，代替现有单屏蔽内环结构。通过仿真，绘制了外围直径D、半径R、圆环距离V变化时，表面、密封圈交界处、屏蔽内环交界处和空气间隙最大电场强度的变化曲线，如图2-16～图2-18。其中图2-16的R、D为定值，V为变化取值，图2-17的V、R为定值，D为变化取值，图2-18的V、D为定值，R为变化取值。

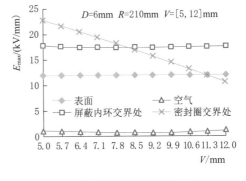

图2-16 各关键部位最大电场强度随V的变化曲线

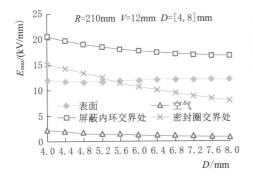

图2-17 各关键部位最大电场强度随D的变化曲线

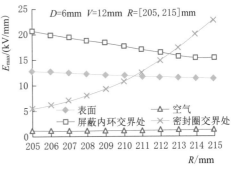

图2-18 各关键部位最大电场强度随R的变化曲线

欲使盆式绝缘子表面最大电场强度得到优化，而不影响其他部位的最大电场强度满足标准设计要求，即其他部位满足式（2-3）的约束条件时：

如图2-16所示，当设计参数取[D=6mm、R=210mm、V=7.1mm]时，表面最大电场强度为11.90kV/mm；

如图2-17所示，当设计参数取[D=4.4mm、R=210mm、V=12mm]时，表面最大电场强度分别为11.67kV/mm；

如图2-18所示，当设计参数取[D=6mm、R=213mm、V=12mm]时，表面最大电场强度分别为11.51kV/mm。

为了进一步寻找最优设计点参数，设计的外围直径 D、半径 R、圆环距离 V 仿真参数约束条件（单位为 mm）和目标函数设置如下：

约束条件为

$$\begin{cases} 5 \leqslant V \leqslant 12 \\ 4 \leqslant D \leqslant 8 \\ 205 \leqslant R \leqslant 215 \end{cases} \qquad (2\text{-}4)$$

目标函数为

$$\begin{cases} \max \left[f(E_{\max B}) \right] \leqslant \min \\ \max \left[f(E_{\max B}) \right] \leqslant 28.5 \text{kV/mm} \\ \max \left[f(E_{\max C}) \right] \leqslant 2.5 \text{kV/mm} \\ \max \left[f(E_{\max D}) \right] \leqslant 18 \text{kV/mm} \end{cases} \qquad (2\text{-}5)$$

2.3.2 优化分析

通过最优筛选，得到最优点设计参数 [D=5.29mm、R=212.6mm、V=11.93mm]，优化后的盆式绝缘子表面电场分布云图如图2-19所示，三种结构的盆式绝缘子表面电场分布曲线如图2-20所示，优化后与优化前的各个关键部位最大电场强度对比见表2-4。

表 2-4	关键部位最大电场强度对比		
关键部位	优化前现有产品 /（kV·mm⁻¹）	优化后 /（kV·mm⁻¹）	相差百分比 /%
表面	12.52	11.50	8.15
密封圈	17.36	17.42	-0.35
空气	2.24	1.43	36.16
屏蔽内环交界处	28.85	17.47	39.45

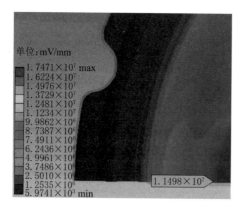

图 2-19 优化后的盆式绝缘子表面电场分布云图

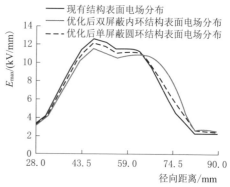

图 2-20 盆式绝缘子表面电场分布曲线

由表2-4分析可知，采用优化后的双圆环形屏蔽内环设计参数（D=5.29mm、R=212.6mm、V=11.93mm）时，表面最大场强为11.50kV/mm，比优化前表面最大场强12.52kV/mm降低了8.15%，密封圈交界处、空气间隙和屏蔽内环交界处最大电场强度较优化前分别降低了-0.35%、36.16%、39.45%，优化效果明显，有效降低了盆式绝缘子发生闪络的风险。

通过不断调节单圆环形屏蔽内环的设计参数，发现单圆环形屏蔽内环对盆式绝缘子表面电场的影响规律，并提出采用双圆环形屏蔽内环代替原有屏蔽内环的设计思路。

基于优化约束条件和优化目标函数，对双圆环形屏蔽内环的设计参数进行优化。优化后的表面最大电场强度降低了8.15%，优化效果良好。

2.3.3　嵌件优化

（1）原有绝缘子电场分析如图2-21所示，可以看出，绝缘子沿面最大电场强12.02kV/mm，略高于12kV/mm基准设计场强，而此处为异物掉落区域，易发生闪络异常。

（2）图2-22所示为绝缘子楔形气隙，可知局部电场分布环氧树脂与法兰处接触位置存在楔形气隙，最大场强 E_{max}=28.8kV/mm。国内对楔形气隙的盆式绝缘子研究表明，带弧状楔形气隙的盆式绝缘子在未达到应该耐受的试验电压下弧状楔形气隙处就发生了局部放电的树枝状电弧痕迹，从而使整个盆式绝缘子的耐受电压下降。

（3）嵌件最大场强19.2kV/mm，虽然该处场强并未高于基准场强21kV/mm，但嵌件为增加与环氧树脂附着力，在此弧面处增加滚花工艺，设计中的滚花也意味着尖角，是高压电极设计的大忌，在每组滚花的两端，均需要设计相应的屏蔽环，用于屏蔽并改善尖角和树脂形成的空隙处的电场，回避结构性微放电累计形成的绝缘老化和破坏。该处并未设置屏蔽环同时为场强最大处，存在设计缺陷。

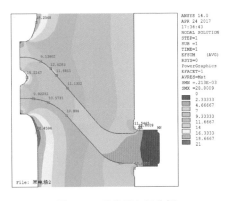
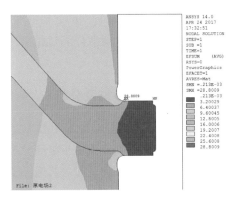

图 2-21　绝缘子电场分析　　　　　图 2-22　绝缘子楔形气隙

（4）车间清理残留环氧示意图如图2-23所示，可知在浇注过程中嵌件与模具接触位置并未完全密封，起模后该处存在残留环氧树脂需清理，清理采用刮刀或者砂纸打磨，由于环氧树脂在浇注过程中会收缩，环氧树脂与嵌件之间有微小缝隙，因此细碎铝粉将有可能进入环氧树脂与嵌件接缝内，若清理不洁易发生闪络放电或降低其耐受电压，同时清理工作繁琐，生产效率低下，是否清理到位通过工艺控制非常困难。

综上所述，由于嵌件不合理的设计使嵌件除胶过程中易出现残存铝屑，产生尖端放电，而环氧树脂与外法兰接触位置楔形气隙又进一步降低盆式绝缘子的耐受电压，环氧树脂沿面场强裕度较低，导致绝缘子绝缘强度不高。

针对以上分析提出新型盆式绝缘子如图2-24所示改进方案，该方案有以下优点：

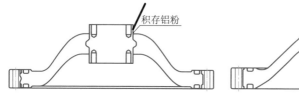

图 2-23　车间清理残留环氧示意图　　　图 2-24　新型盆式绝缘子示意图

（1）中心嵌件处表面去除滚花采用波浪形结构增加附着力和附着面积，采用喷砂处理增加与环氧树脂结合力，在生产过程中无需抹胶处理；嵌件鼓包采用较大圆弧过渡，优化了嵌件电场。

（2）嵌件中心采用环氧树脂包裹的形式，开模后清理范围微小，且清理处电场强度很低，不易发生由于清理不洁而导致的闪络放电现象，增加了环氧树脂附着面积，也增加环氧树脂沿面距离。

（3）在环氧树脂与法兰接触位置增加1.5mm气隙，消除楔形气隙影响。

（4）优化环氧树脂弧面，在满足破坏水压强度1.95MPa要求下，降低环氧树脂用料10%。

（5）对密封槽增加3°的起模斜度，使起模更加顺利并且降低环氧树脂密封槽处内应力。

2.3.4　电场强度计算及分析

对高电位施加雷电冲击耐受电压1050kV后，对新型盆式绝缘子电场分布如图2-25所示，改进前、后盆式绝缘子关键部位电场值对比见表2-5。

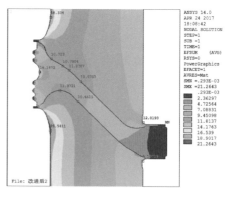

图 2-25　新型盆式绝缘子电场分布

表 2-5   电场分析结果对照表

项　目	设计基准 / (kV · mm⁻¹)	改进前 / (kV · mm⁻¹)	改进后 / (kV · mm⁻¹)
嵌件	24.8	19.2	14.2
触座屏蔽罩	24	20.5	19.5
绝缘子沿面	12	12.02	11.3
壳体表面	14~16	11.5	12.0

通过结果可以看出新型盆式绝缘子电场设计符合要求，相比原有结构绝缘子沿面场强降低6%，嵌件表面场强降低26%，绝缘强度有所提升。

内部充SF_6气体0.3MPa条件下：

（1）工频耐压试验：460kV（保压5min），试验合格。

（2）雷电冲击1050kV（1.2/50μs峰值）峰值电压冲击，正负15次，试验合格。

（3）雷电冲击1200kV（1.2/50μs峰值）电压冲击，正负5次，试验合格。

（4）局放试验，在1.2倍相电压下175kV，小于3pC，试验合格。

2.3.5　楔形气隙设计

以往的设计，为消除楔形气隙的不良影响，在导体（或地电位法兰）与盆式绝缘子的树脂接触处留有弧状楔形气隙，如图2-26所示的箭头A处。经楔形气隙局部电场计算表明，在导体（或法兰）圆弧与直线部分相交处（a点）场强较大（图2-26中E_m），从a点向左场强迅速衰减。通过对这种结构的盆式绝缘子进行高压研究试验发现，在未达到应该耐受的试验电压，盆式绝缘子高电位及地电位两端都发生了局部放电的树枝状电弧痕迹使整个盆式绝缘子耐受电压下降，国外其他一些公司也发现过类似的现象。

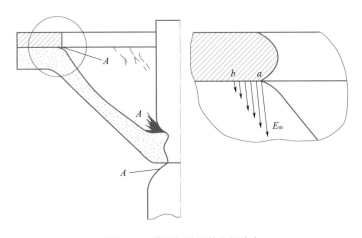

图 2-26　楔形气隙及其电场分布

产生这种现象的原因是，楔形气隙的存在，使盆式绝缘子两端正好与导体、法兰上的最高场强点（a点）接触，使盆式绝缘子的两端表面承受很高的场强，以至在外加电压不太高时就超过了规定的允许值，从而发生放电现象。

1. 对楔形气隙不理解、不处理

图2-27（a）是某126kV GIS盆式绝缘子的结构设计（局部）。图中壳体与盆子法兰之间的间隙$\delta_1=0$，$R_1=8mm$，$R_2=10mm$。该结构的电场计算表明，在楔形气隙中的触头座R_2上施加$\pm550kV$时，场强高达72.65kV/mm，壳体法兰R_1处场强为44.517kV/mm[图2-27（b）]，R_2处盆子表面为36.878kV/mm，R_1处盆子表面场强为21.163kV/mm[图2-27（c）]，都大大超过了SF_6 0.5MPa时电极允许值$[E_1]=29kV/mm$、壳体允许值$[E_5]=15kV/mm$及盆子表面允许值$[E_T]=[E_1]/2=14.5kV/mm$。

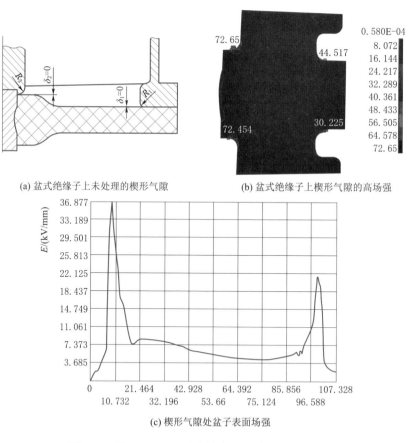

(a) 盆式绝缘子上未处理的楔形气隙　　(b) 盆式绝缘子上楔形气隙的高场强

(c) 楔形气隙处盆子表面场强

图2-27　某126kV GIS盆式绝缘子的结构设计（局部）

2. 楔形气隙处理不当之一——R_1、δ_1及R_2偏小

如图2-28（a）所示，在盆子绝缘体的法兰面上设计的凹槽太浅，该设计因槽深

不够（$\delta_1=1$），圆角R_1也很小，楔形气隙不良影响的隐患依然存在。这样的不当设计也存在于国外某著名公司的252kV GIS的盆式绝缘子上［图2-28（a）为其局部结构］，并经国内某些公司盲目效仿制造用于电网，虽然其试品通过了型式试验的验证，由于无设计裕度，零部件制造质量和组装质量稍有波动就会出现问题：该产品在出厂试验时和现场安装后的交接试验时，曾发生过盆子放电现象。下面的电场计算结果表明了这种故障存在的必然性。

当$R_1=4$、$\delta_1=1$、$R_2=10$、$\delta_2=3$时，在±1050kV电压下，R_2处计算达到27.294kV/mm，附件盆子表面为13.752kV/mm，R_1处为14.919kV/mm如图2-28（b）、图2-28（c）所示。在0.5MPa SF_6中，都已很接近允许值14.5kV/mm（盆子表面）和15kV/mm（壳体R_1上），制造中稍有疏忽（如R_1圆角尺寸及表面状况的不良），就会出问题。

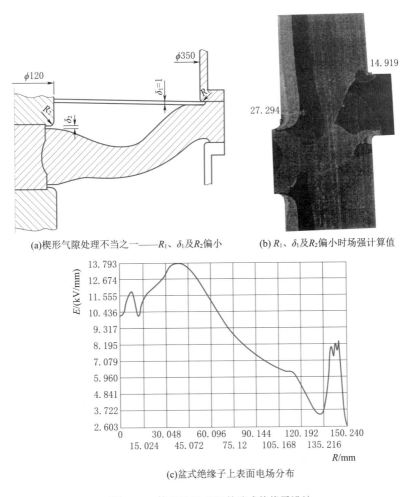

(a)楔形气隙处理不当之一——R_1、δ_1及R_2偏小   (b) R_1、δ_1及R_2偏小时场强计算值

(c)盆式绝缘子上表面电场分布

图2-28　某252kV GIS的盆式绝缘子设计

同样的道理当图2-28（a）上的间隙取值偏小（小于2）时，此处场强也会很高，出现明显的楔形气隙的不良影响。

3.楔形气隙处理不当之二——壳体法兰带凸台

如图2-29（a）所示，某126kV GIS盆式绝缘子在与壳体接触的法兰面上不设凹槽，而在壳体法兰上设凸台（δ_3）。该设计形式上看，在三交区不存在楔形气隙了，但是，凸台上的尖角会使该区域场强增大，导致该盆式绝缘子在高压试验和短路开断试验中多次沿面闪络烧坏。

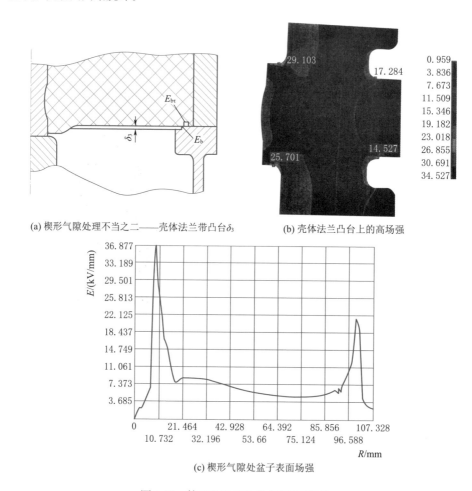

(a) 楔形气隙处理不当之二——壳体法兰带凸台δ_3

(b) 壳体法兰凸台上的高场强

(c) 楔形气隙处盆子表面场强

图2-29 某126kV GIS盆式绝缘子设计

这不是偶然现象，电场计算表明壳体凸台处场强值很高[550kV下为E_b=34.527kV/mm，超过了允许值$[E_1]$=29kV/mm，如图2-29（b）右下角所示。此处绝缘子表面场强也很大E_{bT}=19.953kV/mm，如图2-29（c）所示，超过了SF$_6$ 0.5MPa时的允许值$[E_r]$=$[E_1]$/2=14.5kV/mm。就图2-29（a）的设计，多次改变壳体法兰凸台的尺寸和凸台尖角处的形状，该处场强计算结果都很高，找不到符合要求的设计，因为通常不可能取值太大，导致凸台尖角处的形状无论怎样处理也必然是个高场强点。这种失败的设计从反面提示设计者：凹台应设计在盆式绝缘子上，这样才不会出现导电性的凹起尖角。

4. 消除楔形气隙的有效方法

消除楔形气隙的正确设计是在盆式绝缘子法兰平面（绝缘子）上开槽，槽深 $\delta_1 \geqslant 3$，槽外径应避开壳体法兰圆角后与壳体法兰平面相交；触座与盆式绝缘子间隙 $\delta_2 \geqslant 3$。我们关心的触头座场强 E_1、盆式绝缘子对应点表面场强 E_{1T}、壳体法兰场强及 E_5 及对应点盆式绝缘子表面场强 E_{5T} 在不同 δ_1 及 δ_2 间隙时的计算场强列于表2-6（取其一侧，$\delta_1 = 4$ 和 5，$\delta_2 = 4$ 和 5）。表2-6所列数据是在 R_1、R_2、r_1、r_2、不变的条件下计算而得，随 δ_1 及 δ_2 增大，各处场强都在下降。当 δ_1（δ_2）$\geqslant 3$mm 时，各处场强较低（符合设计要求），且随 δ_1（δ_2）继续增长，场强下降减缓。因此，取 δ_1（δ_2）$\geqslant 3$mm 较好。

表 2-6　　　　　　　　在不同间隙 δ_1、δ_2 时各点场强计算值　　　　　　单位：kV/mm

δ_1、δ_2/mm	E_1	E_{1T}	E_5	E_{5T}
1	29.741	16.546	17.285	9.915
2	22.129	11.793	13.498	9.296
3	19.345	9.627	11.943	6.117
4	18.714	8.256	11.324	5.213
5	18.222	8.038	10.908	5.021

2.4　典型设计案例

2.4.1　案例一

某型号产品145kV盘式绝缘子在工程应用中出现局部放电异常的现象，此外绝缘子与壳体金属法兰楔形气隙处存在较大电场强度。造成绝缘子电气绝缘破坏的主要原因有：局部电场集中和表面电场畸变。为诊断出145kV绝缘子局部放电的原因，拟通过改善绝缘子周围电场域场强分布，进行验证。

对145kV盘式绝缘子电场域进行建模如图2-30所示，中间圆盘为绝缘子，两侧为SF$_6$绝缘气体域，绝缘域内部空心区为金属嵌连件表面与导体接头及触座连接件表面，电场计算导体域挖空，金属面为高压电势面，根据IEC 62271国际标准对145kV产品施加650kV雷电冲击电压，SF$_6$与绝缘子外侧表面为与壳体接触内壁面，即零电势表面。盘式绝缘子密封槽附近表面与壳体法兰区域接触，为避免楔形气隙的存在，在绝缘子表面开设2mm深的槽间隙。

通过有限元软件电场计算，如图2-31所示得知，楔形气隙区域场强高达36kV/mm，高于场强设计基准值，参考《SF_6高压电气设计教材（第五版）》，绝缘子内部嵌件表面最大电场强度为$E_{max}=8$kV/mm，在允许的场强范围以内。因此对该高场强区域电场继续优化，通过多次仿真计算结果可以得出，上述楔形气隙槽深适当加大，会降低该区域场强值。本案例采用接地金属环屏蔽的措施进行电场优化。

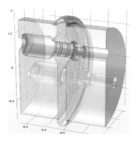

图2-30　145kV盘式绝缘子电场域进行建模　　　　图2-31　有限元软件电场计算

绝缘子内增设金属屏蔽环后，电场仿真计算结果如图2-32所示。金属环表面较大场强为12.24kV/mm，楔形气隙处6.06kV/mm。结果表明，金属屏蔽结构对楔形气隙处的场强优化效果尤为明显，厂内局放试验得知加装金属屏蔽环后的绝缘子局放明显改善。另外，金属屏蔽环直径的大小对绝缘子结构强度也会造成一定影响，金属屏蔽环直径增大，相反绝缘子结构强度会有所降低。直径减小，对绝缘子楔形气隙域的场强降低又不甚显著。因此绝缘子电气设计时需要综合力学结构强度同时验证并取最优的结构参数。

2.4.2　案例二

2.4.2.1　GIL三支柱绝缘子设计

在气体绝缘输电工程中，对于GIL设备，三支柱绝缘子对电气绝缘起着至关重要的作用。对绝缘三支柱电场建模，主要场域包括SF_6气体域、环氧树脂绝缘三支柱嵌筒域、导体域、嵌件域和微粒补集器区域，如图2-33所示，电场模型参数见表2-7。

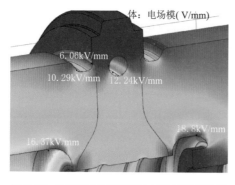

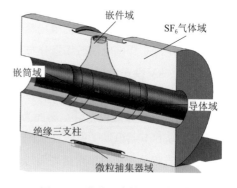

图2-32　内增设金属屏蔽环电场仿真计算结果　　　　图2-33　绝缘三支柱电场域分布

表 2-7   绝缘材质的模拟介电常数

绝缘介质	SF$_6$	环氧树脂绝缘体
介电常数	1.0025	3.5

模拟550kV产品雷电冲击电压1675kV，图2-33中红色面域为高电势面，绿色区域为零电势面。该仿真采用ANSYS经典版电场模块计算，由于产品结构曲面较多，结构复杂，故采用了自由化分的四面体网格剖分整个计算域。

计算机仿真模拟的电势云图如图
2-34所示，导体表面呈现出冲击电压
1675kV的高电势分布，GIL壳体内表面
即SF$_6$气体域外表面呈现零电势，中间区
域电势由高到低逐渐过渡。该结果符合
550 GIL产品的实际电势分布。可以验证
仿真计算方法的合理性。

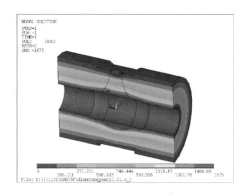

电场强度有限元仿真结果如图2-35所
示，整个模型的场强最大值为29kV/mm，
该最大场强位置发生在绝缘支柱嵌筒域导

图 2-34 绝缘三支柱附近区域电势分布

体棒过渡连接处。绝缘三支柱与嵌件连接凹槽内的局部场强云图如图2-36所示，该区域场强最大值为23.5kV/mm。该区域最大场强小于SF$_6$气体压力为0.4MPa时的光洁导体（R_a=6.3μm）场强设计基准值24.523.5kV/mm。

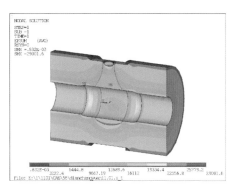

图 2-35 绝缘三支柱附近区域整体场强分布

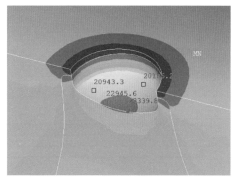

图 2-36 绝缘三支柱嵌件连接处场强分布

2.4.2.2 绝缘子结构强度设计验证

1.设计原则

三支柱绝缘子的金属嵌件与环氧树脂的温度线膨胀系数不同，当工作温度变化时，两种材料热胀冷缩不一致，绝缘件内残留应力较大，严重者会引起粘接处开裂。

环氧树脂温度膨胀系数$\alpha=26\times10^{-6}$/K，黄铜$\alpha=18.7\times10^{-6}$/K，铝$\alpha=23.9\times10^{-6}$/K，因此，嵌件选用铝材较为合理，两者膨胀系数接近，温度变化时，内部残留应力较小，不易出现嵌件黏接面开裂现象。与紫铜$\alpha=16.9\times10^{-6}$/K、玻璃$\alpha=(7\sim10)\times10^{-6}$/K、干混凝土$\alpha=(10\sim14)\times10^{-6}$/K、黄铜$\alpha=18.7\times10^{-6}$/K等结合时易开裂。

GIL在水平安装时，固定三支柱和活动三支柱均需承受导电杆的重力作用；竖直安装时，由于固定三支柱的嵌筒与导电杆之间采用焊接方式，焊缝需承受导电杆的重力作用。

参照GIS设计经验，常温下，环氧树脂的破坏压力一般取90MPa，嵌件和环氧树脂黏接部位取50MPa（根据抗拉试验数据取得），嵌件采用2A12-T4铝合金，其屈服强度可达325MPa，抗拉强度为472MPa，嵌筒材料为6A02，其抗拉强度达295MPa。

2. 设计裕度的选择

按照机械设计中安全裕度的选择方法是：①首先根据实际最极端的工况确定零部件的极端受力F；②然后在F基础上留有1.3~1.8倍的设计裕度，此值即为设计值；③在设计值基础上，在确定安全系数，安全系数的选择需要综合考虑即安全又经济的设计思想，根据机械设计规范，对塑性材料一般取1.5~2，对于脆性材料一般取2~3.5，该值则为破坏值。

在GIL三支柱绝缘子设计中，首先①根据实际抗拉、抗压、抗弯极端工况确定出极端受力F；②根据公司设计经验，在F基础上按照2倍设计裕度，则为设计值，该值已比设计规范中1.8倍的要求值还高；③由于环氧树脂材料为脆性材料，则按设计规范取2~3.5的安全系数。考虑到设计值已经留有较大裕度，并且三支柱绝缘子的抗拉和抗压工况为长期运行中承受的力，而抗弯工况为装配过程中临时承载的力，实际工况中弯力较小，则确定抗拉和抗压安全系数取3，而抗弯安全系数取2。

3. 技术参数确定

GIL单元的布置方式主要包括水平布置和竖直布置。

（1）水平布置方式，如图2-37所示。

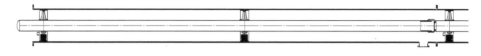

图2-37　水平布置

当水平布置时，三支柱绝缘子受导电杆的压力，如图2-38所示。导电杆重量为170kg，对每个支柱绝缘子产生0.9kN的压力作用，考虑到运输阶段或振动等影响，可能的最大加速度为5g，则为4.5kN，按照2倍设计裕度，抗压强度取10kN，破坏一般为3倍裕度，则为30kN。

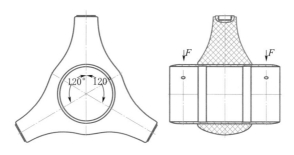

图 2-38 三支柱受径向压力

当标准直线单元导电杆未插入到另一个标准单元时，导电杆为悬臂梁结构，如图 2-39 所示。此时对最近的三支柱绝缘子产生弯矩，如图 2-40 所示。左侧导电杆重量为 850N，力臂为 3m，则受到的弯矩为 850N×3m＝2.55kN·m，按照 2 倍设计裕度，则弯矩为 5kN·m，弯矩破坏一般为 2 倍裕度，为 10kN·m。

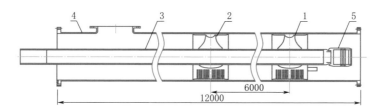

图 2-39 水平布置（未插接前）

1—三支柱绝缘子；2—微粒捕集器；3—导体；4—筒体；5—电连接

（2）竖直布置方式。

当采用竖直布置时，三支柱绝缘子受导电杆的轴向拉力或压力，如图 2-41 所示。其中导电杆和三支柱重量为 200kg，则对三支柱拉力或压力为 2kN，考虑到振动影响最大取 2.5g，则受力为 5kN，按照 2 倍设计裕度则按照抗拉或抗压强度 10kN，破坏一般为 3 倍裕度，则为 30kN。

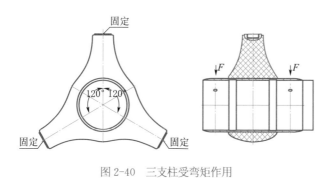

图 2-40 三支柱受弯矩作用

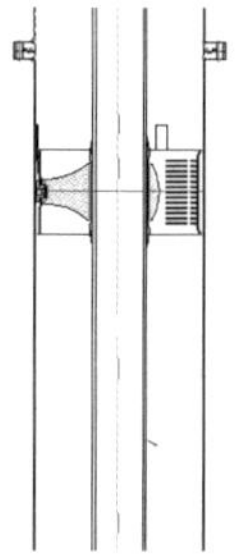

图 2-41 三支柱受轴向拉力或压力

第3章 绝缘子制造技术

3.1 概述

盆式绝缘子作为GIS的关键部件之一，其性能和质量对GIS的可靠运行起着决定性的作用。盆式绝缘子的性能和质量主要由以下方面决定：一是盆式绝缘子的环氧树脂浇注制造技术，包括环氧树脂及相关固化剂、填料的种类和配比以及真空浇注生产工艺和生产过程质量控制；二是盆式绝缘子的安装质量，包括盆式绝缘子安装过程中是否存在异常碰撞导致绝缘子破损、内部出现裂纹以及安装过程中盆式绝缘子表面清理是否到位、表面是否存在微粒异物等；三是GIS的运行环境，包括GIS的外部运行环境和内部运行环境，外部环境主要包括GIS运行的外部环境温度、海拔、气候等，这些因素可能会导致盆式绝缘子老化、性能降低，严重时将导致盆式绝缘子异常受力产生变形或裂纹，内部运行环境则包括GIS运行中的电压电流是否异常，操作过电压或雷击过电压是否超过设备最大裕度，GIS内部是否清洁、是否存在微粒等异物迁移到盆式绝缘子表面、或者带电粒子在盆式绝缘子表明发生电荷积累导致闪络放电等。

从上面的分析可以发现，影响GIS绝缘子性能和稳定运行的因素复杂多变，这也是造成GIS绝缘子故障率较高的原因。通过梳理国家电网有限公司《330千伏及以上GIS及罐式断路器近十年故障分析报告》，分析其中近十年（2010—2019年）59起GIS设备典型故障，其中GIS绝缘子（包括盆式绝缘子及支撑绝缘子）共发生故障11起，是GIS各种组部件中故障率最高的组部件，占全部59起典型故障的比例为18.6%。这11起GIS绝缘子故障都是漏气和放电故障，其中放电8起、漏气3起，8起放电故障的原因是GIS绝缘子制造工艺不合格和安装质量不合格。例如盆式（支撑）绝缘子浇注环节洁净度不足导致绝缘子存在浅表性杂质或者微裂纹缺陷，或绝缘子嵌件、接地屏蔽与环氧树脂结合部位制造工艺不合格导致裂纹、空穴等缺陷，经过长时间的带电运行，绝缘子绝缘性能降低，最终导致放电故障；再例如盆式绝缘子装配过程不规范导致受力不均或存在内应力，长期作用导致盆式绝缘子破裂，发生放电故障。3起漏气故障的原因是绝缘子设计不合理和制造工艺不合格，例如接地开关接地引出绝缘子设计不合理，绝缘树脂和铜电极的收缩比相差较大，环境温度急剧变化时容易出现绝缘树脂受应力作用开裂，导致漏气；再例如绝缘子制造工艺不合格造成内部应力释放不均匀，导致盆式绝缘子运行过程中发生开裂漏气。

由上述分析可知，GIS绝缘子故障在GIS各类组部件故障中占比最高，而GIS绝缘子故障最主要的原因是绝缘子的制造、生产、安装过程中的质量控制或工艺问题导致绝缘子在投运前就带有初始缺陷，在运行过程中绝缘子的初始缺陷不断加剧，最终导致放电或漏气故障。为此，有必要对GIS绝缘子的制造技术进行详细的介绍，并针对运行中GIS绝缘子暴露出的缺陷故障，以问题为导向，从GIS绝缘子制造环节入手，提高绝缘子制造水平，进而提高GIS的运行可靠性。

GIS盆式绝缘子主要由环氧树脂浇注制成，一般由双酚A型环氧树脂、酸酐类固化剂及填料Al_2O_3制成，其性能与环氧树脂所采用的固化工艺密切相关。在环

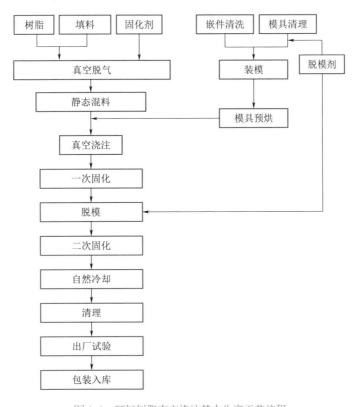

图3-1　环氧树脂真空浇注基本生产工艺流程

氧树脂固化反应过程中，即使是选取同一种双酚A型环氧树脂和酸酐固化剂，若所采用的固化工艺不同，也会导致环氧树脂体系按照不同的反应历程进行固化反应，进而形成不同的固化物交联结构，最终造成环氧树脂材料的性能大不相同。GIS绝缘子主要的加工工艺就是环氧树脂真空浇注生产工艺，即以环氧树脂为基材辅助添加不同的固化剂、填料等，通过真空浇注形成不同尺寸、不同形状或结构的GIS绝缘子。

环氧树脂真空浇注工艺是在原材料环氧树脂中加入固化剂及其他辅剂，再填充入填料后，使这些混合物浇注充满模腔后凝固为不溶的热固性聚合物制件的工艺过程。图3-1所示为环氧树脂真空浇注基本生产工艺流程，主要有配制浇注料、静态混料、模具清理、嵌件清洗、装模、真空浇注、固化和脱模、出厂试验等，其中固化过程是影响浇注件力学性能指标的关键环节。改变真空浇注过程中的树脂、固化剂、填充剂及压力、温度、时间可以制造出不同用途的环氧浇注品。

3.2 关键原材料

3.2.1 树脂

3.2.1.1 环氧树脂简介

树脂（Resins）通常是一类有机聚合物的统称，它在受热后有软化或熔融范围，软化时在外力作用下有流动倾向，在常温下是固态、半固态，有时也可以是液态。广义上的树脂是指用作塑料基材的聚合物或预聚物，一般不溶于水，能溶于有机溶剂。按性质可分为热塑性树脂和热固性树脂，热塑性树脂主要包括聚丙烯（PP）、聚碳酸酯（PC）、尼龙（NYLON）、聚醚醚酮（PEEK）、聚醚砜（PES）等；热固性树脂（玻璃钢一般用这类树脂）主要包括不饱和聚酯、乙烯基酯、环氧、酚醛、双马来酰亚胺（BMI）、聚酰亚胺树脂等。按来源可分为天然树脂和合成树脂，天然树脂是指由自然界中动植物分泌物所得的无定形有机物质，如松香、琥珀、虫胶等；合成树脂是指由简单有机物经化学合成或某些天然产物经化学反应而得到的树脂产物，是一类高分子聚合物。合成树脂最重要的应用是制造塑料，为便于加工和改善性能，常添加助剂，有时也直接用于加工成形，故常是塑料的同义语。合成树脂还是制造合成纤维、涂料、胶黏剂、绝缘材料等的基础原料。合成树脂种类繁多，其中聚乙烯（PE）、聚氯乙烯（PVC）、聚苯乙烯（PS）、聚丙烯（PP）和ABS树脂为五大通用树脂，是应用最为广泛的合成树脂材料。

环氧树脂（Epoxy Resin）是指含有两个或两个以上环氧基团（$H_2C\overset{\displaystyle H}{-}C\overset{\displaystyle }{-}$，$O$），

以脂肪族、脂环族或芳香族等有机化合物为骨架，并能通过环氧基团反应生成有用的热固性产物的高分子低聚物（Oligomer）的统称。下面先分别介绍环氧树脂在国外的发展历程和在我国的发展历程。

在19世纪末和20世纪初的两个重大发现，揭开了环氧树脂合成发明的序幕。早在1891年，德国化学家Lindmann对苯二酚与环氧氯丙烷进行反应，得到了树脂状的产物。1909年俄国化学家Prileschajew发现采用过氧化苯甲酰可使烯烃氧化生成环氧化合物。时至今日，这两个反应依然是环氧树脂的主要合成路线，但是在当时它的使用价值没有被揭示。环氧树脂的真正研究是从20世纪30年代开始的，1934年德国的Schlack首先用胺化合物使含有大于一个环氧基的化合物聚合得到高分子聚合物，并由I.G.染料公司发表专利，却因第二次世界大战而未能在美国取得专利权。随后，瑞士的PierreCastan和美国的S.O.Greelee所发表的多项专利都揭示了双酚A和环氧氯丙烷经缩聚反应能制得液体环氧树脂，用有机多元胺和二元酸均可使其固化，并且具有优良的黏结性。这些研究成果促使了美国DeVoe-Raynolds公司在1947年进行了第一次具有工业生产价值的环氧树脂制造，并且指出在一些特殊领域它是一种性能优于酚醛和聚酯的新型树脂。不久后，瑞士的Ciba公司、美国的Shell以及DowChemical公司都开始了环氧树脂的工业化生产及应用开发工作。当时环氧树脂在金属材料的黏结和防腐涂料等应用方面已有了突破，于是环氧树脂作为一个行业蓬勃地发展起来。环氧树脂大规模生产和应用还是从1948年以后相继开始的。1955年，四种基本环氧树脂在美国获得了生产许可证。DowChemical公司建立了环氧树脂生产线。由于环氧树脂具有一系列优良的性能，所以在工业上发展很快，不仅产量迅速增加，而且新品种不断涌现。1956年美国联碳公司成功开发出脂环族环氧树脂，1959年DowChemical公司成功开发出热塑性酚醛环氧树脂；1960年前后，还相继出现了卤代环氧树脂和聚烯烃环氧树脂，以后又相继出现了多官能酚缩水甘油醚以及其他许多新型结构的环氧树脂，如含五元环的海因环氧、酚酞环氧和含有聚芳杂环结构的环氧树脂。

我国于1956年开始环氧树脂的研究工作，并于1958年在上海开始工业化生产，之后产量和品种不断增加。到20世纪70年代末，我国已形成了从合成单体、树脂、固化剂等较完善的科学研究、生产销售与开发应用的工业体系。特别是改革开放以后，由于环氧树脂自身的一系列优异的黏结、耐腐蚀、电气绝缘、高强度等性能，它已被广泛地应用于多种金属与非金属的黏结、耐腐蚀涂料、电气绝缘材料、玻璃钢、复合材料等的制造中，并且在电子、电气、机械制造、化工、航空航天、船舶运输及其他许多工业领域中起到越来越重要的作用，已成为各工业领域中不可缺少的基础材料。目前环氧树脂正朝着"高纯化、精细化、专用化、系列化、配套化、功能化"六个方向发展，以此来满足各个行业对环氧树脂提出的不同的性能需求。在电气绝缘领域，我国先后研制出以环氧树脂为基材的各种绝缘材料，包括环氧绝缘漆、环氧层压板、环氧覆铜箔板、环氧云母制品、环氧浸渍玻璃纤维制品、环氧真空压力浸渍制品、环氧玻璃纤维缠绕制品、环氧包封料、环氧模塑料等。

对于 GIS 使用的以环氧树脂浇注而成的各种绝缘子来说，要求成型后的各类绝缘子产品满足固化反应中收缩应力小、消除热应力、内部分子分布均匀、消除气泡等工艺要求，进而使浇注成型的各类绝缘子产品具有表面性能好、不易开裂、机械强度高、电性能优异等特点，这对环氧树脂这一最重要的基础原材料的选择和及其自身的各项性能提出了严格的要求。

3.2.1.2　环氧树脂及其固化物的性能特点

（1）力学性能高。环氧树脂具有很强的黏聚力，分子结构致密，力学性能高，拉伸强度为 80~90MPa，高于酚醛树脂（49~56MPa）和不饱和聚酯树脂（23~70MPa）等通用型热固性树脂。

（2）附着力强。环氧树脂固化体系中含有活性极大的环氧基、羟基以及醚键、胺键、酯键等极性基团，赋予环氧固化物对金属、陶瓷、玻璃、混凝土、木材等极性基材的优良附着力。

（3）固化收缩率小。环氧树脂固化收缩率一般为 1%~2%，是热固性树脂中固化收缩率最小的品种之一（酚醛树脂为 8%~10%；不饱和聚酯树脂为 4%~6%；有机硅树脂为 4%~8%）。线胀系数也很小，一般为 $6×10^{-5}/℃$，所以固化后体积变化不大。

（4）工艺性好。环氧树脂固化时基本上不产生低分子挥发物，所以可低压成型或接触压成型，能与各种固化剂配合制成无溶剂、高固体、粉末涂料及水性涂料等环保型涂料。

（5）电绝缘性优良。环氧树脂是热固性树脂中介电性能最好的品种之一，介电强度为 20~30kV/mm，体积电阻率为 $10^{14}Ω·m$，介电常数为 3~4（50Hz 时），介质损耗角正切小于 0.004。

（6）稳定性好。环氧树脂稳定性好，抗化学药品性优良，不含碱、盐等杂质的环氧树脂不易变质，只要贮存得当（密封、不受潮、不遇高温），其贮存期为 1 年，超期后若检验合格仍可使用。其耐碱、酸、盐等多种介质腐蚀的性能优于不饱和聚酯树脂、酚醛树脂等热固性树脂，因此环氧树脂大量用作防腐蚀底漆。又因环氧树脂固化物呈三维网状结构，又能耐油类等的浸渍，大量应用于油槽、油轮、飞机的整体油箱内壁衬里等。

（7）耐热性好。环氧树脂固化物的耐热性可达 200℃或更高，显著高于其他环氧固化物 80~100℃的耐热性。

环氧树脂也存在一些缺点，比如耐候性差，环氧树脂中一般含有芳香醚键，固化物经日光照射后易降解断链，所以通常的双酚A型环氧树脂固化物在户外日晒，易失去光泽，逐渐粉化，因此不宜用作户外的面漆。另外，环氧树脂低温固化性能差，一般需在10℃以上固化，在10℃以下则固化缓慢，对于大型物体如船舶、桥梁、港湾、油槽等寒季施工十分不便。

3.2.1.3　GIS绝缘子常用环氧树脂

1. 环氧树脂的种类

环氧树脂种类很多，且还在不断开发新产品。环氧树脂分类方法很多，按化学结构和环氧基结合方式大体分为六大类：缩水甘油醚类、缩水甘油酯类、缩水甘油胺类、脂肪族环氧化合物、脂环族环氧化合物、混合型环氧树脂。下面重点对GIS绝缘子常用的缩水甘油醚类环氧树脂进行介绍。缩水甘油醚类环氧树脂是指分子中含缩水甘油醚的化合物，此类树脂是由酚中的羟基和环氧氯丙烷反应而得，常见的主要有以下两种：

（1）双酚A型环氧树脂。双酚A型缩水甘油醚类环氧树脂，简称DGEBA树脂，用双酚A与环氧氯丙烷制得的环氧树脂称为双酚A型环氧树脂，因原料来源方便，成本低，故应用最广，产量最大，是目前应用最广的环氧树脂，约占实际使用的环氧树脂中的85%以上，其化学式为

$$CH_2-CH-CH_2-\left[O-\underset{CH_3}{\overset{CH_3}{\underset{|}{\overset{|}{C}}}}-O-CH_2-\underset{OH}{\overset{|}{C}}H-CH_2\right]_n O-\overset{CH_3}{\underset{|}{C}}H_3$$

（2）双酚F型环氧树脂。双酚F型环氧树脂，简称DGEBF树脂，用双酚F与环氧氯丙烷反应制得的环氧树脂称为双酚F型环氧树脂。与双酚A型环氧树脂相比，双酚F型环氧树脂除耐热性略低外，其他性能都很接近，树脂本身黏度较低，可以改善操作条件，其化学式为

$$CH_2-CH-CH_2-\left[O-\overset{H}{\underset{H}{C}}-O-CH_2-\underset{OH}{C}H-CH_2\right]_n O-\overset{H}{\underset{H}{C}}-O-CH_2-CH-CH_2$$

此外，双酚S型环氧树脂的特点是固化较快，固化物热变形温度较高和热稳定性好，提高了黏结力，化学稳定性、尺寸稳定性特好，可做浇注料、涂料、层压制品和云母绝缘制品。卤代双酚A型环氧树脂与通用的双酚A环氧树脂性能相近，但耐电弧性和阻燃性能好。溴化环氧树脂常用来制作阻燃的环氧涂料、环氧粉末、阻燃的层压制品及覆铜销层压板。氢化双酚A环氧树脂的特点是黏度小，与双酚F型环氧树脂相当，但凝胶时间长，约为双酚A环氧树脂的2倍，最大特点是耐候性好，耐电晕、耐

漏电起痕性好。双酚AD型环氧树脂的特点是黏度低、非结晶性，可水解氯含量低，使用期较双酚A型、双酚F型环氧树脂长。烃甲基双酚A环氧树脂的特点是活性强，能低温快速固化，可与双酚A型环氧树脂混合使用，可作室温快固化胶和负温下使用的环氧砂浆，快速胶黏剂，特别适用于冬季施工作业。

2.环氧树脂的型号及命名

（1）命名原则。基本名称为环氧树脂，在基本名称前加上型号。表3-1列出了常用的环氧树脂的代号。

表3-1 常用的环氧树脂代号

代号	环氧树脂类别	代号	环氧树脂类别
E	二酚基丙烷环氧树脂（双酚A型）	L	有机磷环氧树脂
ET	有机钛改性二酚基丙烷型环氧树脂	J	间苯二酚环氧树脂
EG	有机硅改性双酚A型环氧树脂	A	三聚氰酸环氧树脂
EX	溴改性双酚A型环氧树脂	D	聚丁二烯环氧树脂
EL	氯改性双酚A型环氧树脂	R	二环氧化双环戊二烯环氧树脂
F	酚醛多环氧树脂	Y	二环氧化二烯基环己基环氧树脂
B	甘油环氧树脂	YJ	二环氧化二甲基化二烯基环己基环氧树脂

（2）型号。环氧树脂以一个或两个英文字母与两位阿拉伯数字作为型号，标识类别及品种。第一位字母表示主要组成物质，第二位字母表示其主要改性物质。两位阿拉伯数字为该树脂的环氧值平均值乘以100。例如，某一牌号为"E-31环氧树脂"的树脂，其主要组成物质为二酚基丙烷（双酚A型，对应代号为E），平均环氧值为0.31，则该树脂的全称为"E-31环氧树脂"。

3.2.2 固化剂

固化剂又名硬化剂，是一类增进或控制固化反应的物质或混合物。固化剂是环氧树脂固化反应中必备原料之一，环氧树脂只有经过固化后变为不溶不熔的固化产物，才能显示出其优良的热力学性能和电气性能。环氧树脂固化后的性能依固化剂的种类不同而变化很大，固化物的性能在很大程度上取决于固化剂的分子结构。一般而言，当环氧树脂相同时，固化剂的反应基团的距离越短，反应基的浓度越高，固化物的热变形温度就越高。

环氧树脂固化剂的种类很多，固化反应也各异，如按固化剂的化学结构不同，可分为胺类固化剂、酸酐类固化剂以及其他树脂类固化剂等。如按固化剂的固化温度不同，又可分为低温、中温和高温固化剂以及潜伏性固化剂等。

一般主要应用固化剂是胺类固化剂和酸酐类及其改性固化剂，后者在浇注领域占据主体地位。对于大型浇注件，因胺类固化剂对缩水甘油醚型环氧树脂活性大、放热多，所以常用酸酐类固化剂。酸酐类及其改性固化剂的特点是使产品具有较高的力学性能及较好的耐热、耐磨性能。液态酸酐不仅操作方便，而且使用周期长，可缓解因氧化铝填料活性大而造成使用周期短的不足的缺陷，并且使体系黏度低，有利于制品的成型。

双酚A环氧树脂以酸酐为固化剂的历史很早，用酸酐固化的环氧树脂固化物性能优良，尤其耐热性能和耐化学稳定性高。用有机酸酐固化的环氧树脂，虽然需高温，但固化反应较慢，反应放热量小，收缩率小。它与胺类固化剂相比具有挥发性小、毒性低，对皮肤刺激性小，与环氧树脂配合量大，黏度小，可以加入填料改性，有利于降低成本，使用期长，便于施工等优点。但是也有贮存时容易吸湿生成游离酸造成不良影响，如固化速度慢、固化物介电性能下降等缺点。在已知的酸酐中，多数可以用来做环氧树脂的固化剂，按结构分有芳香族酸酐、脂环族酸酐、脂肪族酸酐、卤化酸酐、酸酐的共熔物及加成物等。

由于使用的合成树脂种类和结构的不同，对环氧树脂固化物的一些性能的影响也不同，因此它们常用来做环氧树脂的改性剂，从而提高固化物的耐热性、耐冷热冲击性、耐化学品性、介电性能、耐水性等。常用的合成树脂低聚物有酚醛树脂、苯胺甲醛树脂、聚酰胺树脂、聚酯树脂、聚氨酯树脂和聚硫橡胶等。

环氧树脂与多元酸酐的反应速度较慢，不能生成高交联密度的产物，因此需要加入促进剂，以提高固化效率。加入促进剂的反应机理主要有：酸酐与环氧树脂中的羟基反应，生产酯键和羧酸；羧酸对环氧基加成，生成新的羧基；在酸的存在下，环氧基与羟基进行醚化反应。这些反应后生成的羟基与其他酸酐基进一步反应而生成体型聚合物。由此可见，固化物中含醚键和酯键两种结构，而且反应受环氧基浓度和羟基浓度的支配。

3.2.3 填料

3.2.3.1 填料简介

填料泛指被填充于其他物体中的物料。填料一直广泛地作为增量剂，以期降低制造成本，改善某些性能，如提高浇注物的抗张、抗弯、冲击等特性，减小热膨胀系数，降低放热温度，提高导热率及黏合力等。填料的适应性不仅取决于填料的化学组成，还与其性状及颗粒的大小（粒径或粒度）有关。例如，为改进力学性能，最好采用针状或纤维状（棒状）填料，这种填料有玻璃、石棉、黏土、碳酸钙等；要改进热传导性，可采用导热好的铝、镁及其化合物，各种结晶性硅石、金属等。加入填料不可能使所有的性能都得到改进，往往改进了第一使用性能，其他性能相应下降。例如，在电气用途中，配合氢氧化铝以期改进力学性能和阻燃性能，但却导致介电性能和电气绝缘性能的降低。因此，往往需要根据具体的使用要求，将某种或几种填料混合添加，才能得到满意的改进效果。

填料的质量一般从以下方面考虑：一是纯度，对填料的纯度要求很高，因为有些杂质可能影响环氧树脂的固化反应，而金属杂质则影响浇注件的绝缘性能；二是酸碱性，氧化铝的水溶液常是弱碱性，pH值达8~11，这样的氧化铝用在浇注中，会使环氧树脂的固化反应"紊乱"，不利于浇注品质量，降低氧化铝的pH值而使它适用于浇注是目前环氧树脂浇注工艺方面所需进一步研究的课题；三是电导率，电导率主要表明了填料中的可水解杂质数量，杂质多不利于浇注工艺和制成品，因此需要低电导率的填料，同样地，降低氧化铝粉的电导率也是目前的研究课题，目前国产氧化铝的电导率一般$300\mu S/m$左右，应达到$100\mu S/m$以下为宜；四是粒度，填料应当有一定的粒度分布，以减少填料的沉淀和增大填料比。

环氧树脂浇注的填料的种类非常多，一般GIS绝缘子用环氧浇注体系中的填料有Al_2O_3和SiO_2，但是考虑到SF_6高温时与SiO_2发生反应，而Al_2O_3在高温下耐SF_6分解，所以一般都使用Al_2O_3为填料。Al_2O_3具有表面结构简单，边缘整齐，稳定性好，填充量大、热传导性好、收缩率小等特点，极大地满足了浇注生产的需要。

3.2.3.2 填料对环氧树脂性能的影响

（1）力学性能。加入填料的主要目的在于改进力学性能，改进效果取决于填料自身的性质、颗粒的大小及用量的多少。力学性能对温度的依赖性也由于填料的加入而有所变化。研究温度与拉伸强度的关系（硅石填料）表明，填料颗粒的大小不同，作用效果差别很大。在高温区的拉伸强度，无论填料颗粒大小如何都因填料的加入而提高；在室温附近，填料颗粒大小不同，对拉伸强度影响极大，颗粒大的，拉伸强度不但不提高，反而大幅度下降。这是因为固化物在高温下呈韧性破坏而在低温玻璃态转变为脆性破坏，玻璃态区填料不但起不到增强效果，反而成为裂纹的产生源。

（2）电性能。填料用来改善电性能的情况不多，除改进固化物耐电弧性能外，填料对电绝缘性和介电性能都可能产生不良影响。填料含有吸湿性杂质和易离子化的物质，即使不含有这些物质也易包藏水分，所以电绝缘性就要下降，例如一些含碱土金属的填料和纤维状填料（石棉）等就是如此。因此，为除去杂质常常将填料进行焙烧。作为电气材料使用的填料有硅石、氧化铝、云母等。通常使用的硅石，特别是熔融硅石具有高绝缘性和耐湿绝缘性，同时有优异的介电性能和低热膨胀系数，常常作为超高压变压器用材料。填料对电气性能改进最大的是耐电弧性；研究填料与耐电弧性的关系表明，随着填料配合量的增加，耐电弧性成正比上升，其中氢氧化铝改进效果最好。耐电弧性不仅与填料用量有关，也受填料颗粒大小和形状的影响。

（3）热性能。热性能中十分重要的是热膨胀系数和热传导性，它们都因填料的加入而得到大幅度改善。有研究指出，填料的添加带来热膨胀系数明显下降，密度不同的填料改进效果不同，但是密度相近的填料（氧化铝、硅石、滑石和云母）之间的差异主要取决于填料本身的性能。热传导性与填料用量的关系研究结果表明，固化物的热传导性随填料用量增加成正比上升。当然，填料自身的特征对改进效果起着很大的作用，填料自身的热传导性越高，则由它配合的固化物的热传导性也越高。

（4）阻燃性能。按阻燃功能来分，可以把填料分为一般性填料和阻燃性填料。所谓阻燃性填料是指如三氧化二锑、氢氧化铝、水合石膏等加入热固性树脂中使固化物具有阻燃性能（氧指数提高）的填料。即使加入一般性填料，也会由于树脂比例减少，而使着火点提高，燃烧能量降低。随着固化物中填料的增加，其燃烧的速率减慢，燃烧速率延迟效果较好的是阻燃填料类的水合物，主要是由于燃烧过程中结合水吸热所致。这些阻燃填料中氢氧化铝的效果最佳，二氧化锑也是较好的品种，同时也有阻燃填料与有机卤化物并用具有协同阻燃效应。

（5）耐化学药品性。耐化学药品性主要取决于固化物的化学性质，填料的加入不一定都能提高耐化学药品性，但是填料的加入降低了有机固化物的比例，使耐化学药品性有一定提高。填料对耐水性、耐酸、耐碱及耐溶剂性能的改进效果差别很大。一般来说，填料用量增加，固化物吸水率降低，对耐水性而言，因填料种类和用量不同，其效果差别很小，但是因为填料种类和用量不同，其耐化学药品性差别甚远，所以在实际使用过程中要根据不同的用途选择有效的填料和用量。

（6）改善操作性能。填料除了具有某种功能性用途之外，还可以改进树脂配方的黏度（增稠）、触变性能。由于填料的加入，使得固化物中树脂比例减少，因此降低了树脂的固化放热，使反应体系在比较平稳的状态下发生固化反应，从而减少了树脂的固化收缩，使树脂体系开裂的可能性变小。

3.3　成型制造技术

GIS绝缘子的环氧树脂浇注工艺是在环氧树脂中加入固化剂、填料及其他辅助材料（如增韧剂、颜料等），在一定的温度下使其变成均匀的混合物，经真空脱除气泡后将这些混合物在一定条件下注入金属模腔中，并在一定温度下使其凝固为不溶的热固性聚合物，从而得到与模具型腔几乎完全相同制品的一种工艺。GIS绝缘子的环氧树脂真空浇注基本生产工艺流程图如图3-1所示，主要包括嵌件处理、装模、浇注、固化、脱模、二次固化、去浇口、套扣、清理打磨、成型后相关试验、擦包等流程。下面对GIS绝缘子的真空浇注生产工艺流程进行详细介绍。

3.3.1 嵌件处理

嵌件处理指对盆式绝缘子嵌件与环氧树脂的结合面进行处理，嵌件处理主要包括表面镀银、喷砂、清洗（超声波清洗、酸洗等）及涂覆黏结剂。目前各厂家在镀银、喷砂、清洗工序的生产工艺基本相同，但在涂覆黏结剂环节各不相同，每个厂家均有自己独特的工艺，这也是嵌件处理的关键核心所在。常见的嵌件的喷砂处理和超声波清洗工艺如图3-2、图3-3所示。

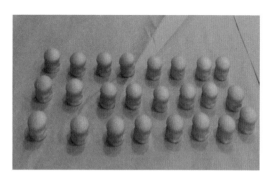

（a）喷砂处理 （b）喷砂后实物图

图3-2 嵌件喷砂处理

3.3.2 装模

装模是将工艺处理后的金属嵌件与浇注模具通过螺栓组装在一起，正确组装于模具内，模具组装完成后将会形成一个除浇注口外的密闭的空间。主要过程如图3-4所示，包括以下步骤：

（1）清理模具内表面，除去残留树脂和表面的污渍。

（2）模具内表面涂抹脱模剂，用无毛纸擦拭均匀。

（3）密封部位放入密封圈，放置平整。

（4）安放中心导体，用定位螺栓定位。

（5）根据模腔内定位销位置放置法兰或屏蔽环。

图3-3 超声波清洗

（6）利用模具导向定位销合模，穿入螺杆把紧模具。

（a）清理模具　　　　　　　　　（b）涂脱模剂

（c）安装密封圈　　　　　　　　（d）安装中心导体

（e）安装法兰环　　　　　　　　（f）把紧模具

图3-4　装模工艺

3.3.3　浇注

　　浇注是将组装好的模具放入真空浇注罐中，将混合均匀的环氧树脂混合物料在真空状态下以一定的速度浇注模具内，浇注完成后打开浇注罐，将模送入固化炉进行固化。浇注过程中应注意浇注速度和模具放置的倾斜角度（根据模具结构不同），有利于浇注过程中模腔内气体的排出。其工艺流程如图3-5所示。

（a）树脂称重

（b）氧化铝粉上料

（c）模温测量浇注罐

图 3-5　浇注工艺

1. 材料投放

树脂和固化剂：清理干净材料桶上的灰尘等杂物，使用电子秤对预加入的材料进行称重，投入混料罐，加完材料后，对树脂桶重新进行称重，利用两次称量的数据计算出加入树脂的重量。

氧化铝粉：将氧化铝粉放入解袋器中，关闭解袋器的进料门，用专用手套和刀具划开包装袋，使氧化铝粉流入解袋器下端，然后取走塑料袋。

2. 浇注

按照工艺要求和设备设定的温度、真空度、时间混合和处理树脂、固化剂、氧化铝粉。浇注前测量模具温度，符合工艺参数后再进入浇注罐。各工艺参数满足后，开始浇注，先向空桶中打入一定量的清洗用料，然后再向模具中浇注。浇注过程中观察静态混料器的温度、计量泵运行位移、压力参数。模具浇满后，启动清洗模式对静态混料器进行清洗，然后开启静态混料器冷却开关。最后，模具在浇注罐中保压满足工艺时间后出罐。

3.3.4 固化

　　固化过程是指环氧树脂混合材料在一定的条件下转变为固态的过程，如图3-6所示。固化过程根据各厂家环氧浇注配方体系不同分为恒温固化（温度不变）和分段固化（不同的固化时间设定不同的固化温度），最常用的是两段固化。

图3-6　固化工艺

　　两段固化：一阶段是初固化成型（此过程是在模具内完成的）；二阶段是在一次固化温度稍高的情况下进行后固化（此过程是在一次固化结束后，零件脱离模具后进行的），保证完全固化，使绝缘子达到最佳性能状态。目前，有生产厂家研制出了三段固化法，使盆式绝缘子具有更优良的电气性能和热力学性能。

3.3.5 脱模

　　脱模是去除模具相关附件（包括金属嵌件紧固螺栓、合模螺栓等）后，使用专用工装将模具打开并取出环氧浇注绝缘子的过程，如图3-7所示。脱模过程关键控制点是脱模过程操作规范性和时间控制，一般单件制品脱模时间控制在1h内，脱模完毕后对环氧浇注绝缘子应采取保温措施并转入二次固化炉，以减少环氧浇注绝缘子内应力。工艺流程如下：

　　（1）清理模具外表面，除去残留树脂等污渍。

　　（2）利用开模螺杆顶开左右模具。

　　（3）把带有零件的模具吊放在脱模工装上，卸下中心导体定位螺丝。

　　（4）放入脱模压头，使用千斤顶顶出零件。

　　（5）把零件转移到指定区域准备进行二次固化（部分厂家在二次固化前会对环氧浇注绝缘子进行去浇口处理）。

（a）清理模具外表面

（b）分开模具

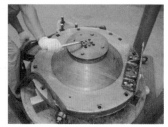

（c）脱模工装

（d）脱下绝缘子

（e）绝缘子送至二次固化

图3-7　脱模工艺

3.3.6　二次固化

　　为提高生产效率和模具利用率，脱模后，绝缘子的机械强度通常没有达到最佳工艺水平，需要将其进行二次固化，即将工件置于定型工装上并放入固化炉中，按工艺要求的温度和时间进行二次固化，如图3-8所示。二次固化工艺随环氧浇注配方体系的不同而有相应的变化。

图 3-8　二次固化工艺

3.3.7　去浇口

　　去浇口指对环氧浇注绝缘子二次固化结束后，转运到去浇口操作间，使用环氧树脂专用切割设备，将环氧浇注绝缘子的浇口去除，并对切割位置进行打磨处理，其主要工艺流程如图3-9所示。

（a）切割浇口　　　　　　　　　　　　（b）浇口处打磨

图 3-9　去浇口工艺

3.3.8　套扣

　　环氧浇注绝缘子内部镶嵌的金属嵌件一般为铝合金材质，为提高金属嵌件的连接强度，在产品设计时一般将螺孔设计成ST螺纹以便在加工成型后安装钢丝螺纹套。安装钢丝螺纹套一般使用专用的安装工具，将符合设计标准的钢丝螺纹套安装到相对应的螺纹孔内。套扣是指将螺丝旋入中心导体螺孔内，查看螺孔是否顺畅。若螺孔内有树脂等杂物残留，用丝锥进行套扣，确保其螺孔的顺畅。法兰的螺孔应用标准尺寸的丝锥对其套扣处理，套扣结束后用高压风将盆式绝缘子表面及缝隙中的铝屑吹净，避免金属杂质的存在，如图3-10所示。

3.3.9　清理打磨

　　清理打磨工序主要是去除绝缘子浇口、成型过程中产生的飞边、毛刺和表面微小的异物、气泡等缺陷，如图3-11所示，主要包括：

图 3-10　套扣工艺

（1）对绝缘子外观进行初步检查，确认绝缘子无明显缺陷。

（2）用刀片去除中心导体根部残留的树脂，操作时应用力均匀，避免对中心导体及树脂面造成损伤。

（3）用百洁布将中心导体表面的氧化层进行砂光处理，操作时应用力均匀保持镀银层的完好性，对于表面有轻微划伤的镀银面，可用砂纸进行处理后用百洁布进行砂光，导体镀银面若已被破坏则必须进行重新镀银处理。

（4）对于绝缘子腰孔处的合模缝，用条形油石将树脂的尖角打磨后再用砂纸进行砂光处理。

（5）用锯条将法兰环表面附着的树脂皮剥除，并用砂纸对存在的划痕及无光泽的部位进行处理。

（a）去除残留树脂

（b）打磨及砂光处理

图 3-11　清理打磨工艺

3.3.10　成型后相关试验

环氧浇注绝缘子制造成型后的试验检查主要包括T_g检测、外观尺寸检查、着色渗透检查、气密试验、X光探伤、机械性能试验、电气性能试验和水压试验。

（1）T_g（玻璃化转变温度）检测。T_g为材料发生玻璃化转变（高弹态转变为玻璃态）的温度范围内的中点温度，如图3-12所示。

（2）外观尺寸检查，如图3-13所示。检查环氧浇注绝缘子外观是否符合相关标准要求（每个厂家的标准可能会有微小差异），其尺寸是否符合图纸要求。

图3-12　T_g检测　　　　　　　图3-13　外观尺寸检查

（3）着色渗透检查，如图3-14所示。检查环氧浇注绝缘子表面、密封槽是否有裂纹，金属嵌件与环氧树脂黏结是否良好。

（4）气密试验，如图3-15所示。检查盆式绝缘子的承压性能和密封性能。

图3-14　着色渗透检查　　　　　　图3-15　气密试验

（5）X光探伤，如图3-16所示。检查环氧浇注绝缘子内部有无杂质、气孔、裂纹等缺陷。

（6）机械性能试验，如图3-17所示。检查环氧浇注绝缘子的抗拉、抗压、抗弯、抗扭等机械性能指标是否符合设计要求。

（7）电气性能试验，如图3-18所示。检查环氧浇注绝缘子工频耐受电压和局部放电量是否满足标准要求。

图 3-16　X光探伤

图 3-17　机械性能试验

图 3-18　电气性能试验

（8）水压试验，该试验主要考核绝缘子的机械强度，通过将绝缘子安装在特制的水压工装上，在工装内注满水后，通过试压泵将水加压到工装内并达到所需压力值，检查绝缘子表面是否存在裂纹等异常，如图3-19所示。

（a）安装密封圈

（b）安装工装

（c）力矩把紧

（d）水压试验

图 3-19　水压试验

3.3.11 擦包

首先使用百洁布、无毛纸和有机溶剂等对检验合格的绝缘子进行清擦处理,再次检查确认环氧浇注绝缘子表面无异物、气泡、磕碰划伤等缺陷,然后将环氧浇注绝缘子装入干净的塑料包装袋,放入适量干燥剂后封口处理,最后根据不同绝缘子包装防护要求使用专用的包装物对环氧浇注绝缘子进行防护,如图3-20所示。

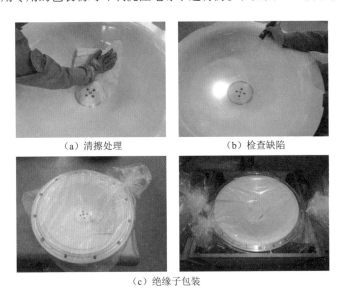

(a) 清擦处理　　　　　　　　(b) 检查缺陷

(c) 绝缘子包装

图 3-20　擦包工艺

3.4　质量控制技术

由于GIS环氧浇注绝缘子要满足机械、电气及热性能等方面的综合要求,因此要求绝缘子外观精良,无明显异物、开裂、缺肉等不良现象;绝缘子内部树脂固化完全、玻璃化转变温度合格,同时树脂内部无开裂、空洞、异物等缺陷;金属嵌件与树脂黏结紧密,着色渗透探伤后无渗透剂残留,避免三交区有微小缺陷或裂纹等。因此,要求环氧浇注绝缘子在生产制造过程中从组织机构、设备与模具管理、操作人员管理、工艺管理、试验检验、过程监督等方面着手,全过程进行梳理并制定针对性措施,确保环氧浇注绝缘子外观质量、内在品质及各项性能参数满足设计要求。

3.4.1　绝缘子质量控制的关键环节及质量提升技术措施

绝缘子质量控制主要分为原材料的质量控制、生产制造过程的质量控制和成型后检测过程的质量控制。绝缘子质量控制的关键环节包括:原料各项指标的控制、浇注工艺的合理选择、操作过程的控制。目前各绝缘子主要生产制造厂商都有合理完善的质量控制措施，在原材料使用前需经过严格的性能检测及检查，确保各原材料、零部件符合使用要求；在生产过程中，严格按照工艺要求的参数生产，做到定期清理设备，减少产品杂质的引入，根据生产需要，设计辅助工装，减少产品缺陷，提高产品的成品率；并在绝缘子成型后具有全面完善的各项检测试验，确保绝缘子出厂前各项性能指标满足设计需求和使用需求。

下面以近年来GIS绝缘子在运行过程中出现的故障为导向，从绝缘子运行过程中发生的质量问题为切入点，对绝缘子制造过程中的质量提升措施和技术介绍如下：

1. 绝缘子表面杂质

故障现象：绝缘子外观质量问题或表面闪络。

可能造成杂质产生的工序：材料验收、装脱模、浇注及固化。

提升措施和技术：

（1）保证装模间环境的清洁度和装模操作的正确性。

（2）严格执行原材料入厂检测标准，保证浇注用原材料的质量。

（3）保证浇注设备、固化设备及辅助工装的清洁度。

（4）绝缘子完成出厂试验后、入库前重新进行擦包处理，并密封包装。

2. 绝缘子表面受潮及污染

故障现象：绝缘子表面闪络。

可能造成受潮及污染的工序：绝缘子包装、储存。

提升措施和技术：

（1）按规定对成品绝缘子进行防护和存放，防止对绝缘子造成表面污染。

（2）定期对长期存放的绝缘子进行外包装检查，如有破损及时进行相关处理。

（3）对于入库后存放时间超期的绝缘子，在发运前进行重新烘干处理。

3. 绝缘子嵌件与树脂部分接触不良

故障现象：绝缘子放电击穿、漏气。

可能造成嵌件和树脂接触不良的工序：嵌件处理、装脱模及二次固化。

提升措施和技术：

（1）保证绝缘子的脱模时间和脱模温度，脱模后及时进行二次固化或增加保温处理。

（2）保证嵌件清洗质量，将清洗后的嵌件进行分类摆放，并做好防护工作，注意脱模剂的涂抹部位，使用时现用现取。

（3）装模过程中严格按工艺进行操作，避免造成嵌件的污染。

4. 绝缘子内部成分不均匀

故障现象：绝缘子开裂、放电击穿。

可能造成成分不均匀的工序：浇注、一次固化。

提升措施和技术：

（1）定期对设备进行材料取样，保证材料计量的准确性。

（2）对浇注设备定期维护和维修，对易出现问题的计量部件适时进行更换。

（3）模具浇注完成后及时入固化炉进行加热固化，避免引起氧化铝粉沉降现象。

5.绝缘子内部高压位区存在杂质、气泡或气隙

故障现象：绝缘子开裂、放电击穿。

可能造成高压位存在杂质、气泡或气隙工序：装脱模、浇注及一次固化。

提升措施和技术：

（1）浇注前对设备工艺参数进行确认，严格执行材料预处理工艺时间，浇注过程中对温度、真空度等工艺参数进行实时监察。

（2）对设备材料预混罐进行检查及清洗，防止由于长时间加热产生的材料老化物掉落，造成杂质的产生。

（3）严格执行工艺固化曲线。

3.4.2　特高压盆式绝缘子的工艺改进和质量提升

针对特高压盆式绝缘子的生产和应用，国内几大主要开关厂在特高压 GIS盆式绝缘子的原材料管控、制造工艺改进和质量提升方面开展了大量的研究完善工作，优化了环氧树脂、固化剂真空脱气、氧化铝填料预处理、浇注固化和后处理温度、时间等关键工艺，提出了界面处理和界面剂涂覆方法，有效地调控了关键制造工艺参数，探索了解决工艺分散性，控制内应力，消除缺陷的措施和途径，为提升特高压盆式绝缘子的生产质量提供了工艺技术支撑，有效地提高了特高压盆式绝缘子的产品质量。

1.生产工艺完善

在生产工艺方面，通过优化环氧树脂、固化剂真空脱气和氧化铝填料处理方法，调控浇注固化和后固化处理温度、时间及中心导体界面材料涂覆等关键工艺，解决了工艺分散性，控制了内应力，有效地消除了缺陷，从而提高了特高压盆式绝缘子的生产质量及工艺技术。特高压盆式绝缘子的生产工艺过程见图3-21。

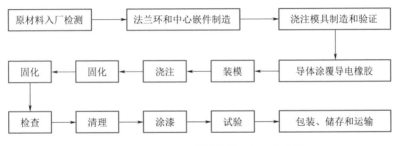

图3-21　1100kV盆式绝缘子生产工艺过程

2. 界面处理工艺改进

通过对导电胶涂覆次数和厚度的测量控制，得出最适合的涂覆工艺。为了保证界面剂涂覆环境的洁净度，专门设立了界面剂涂覆操作间，并在操作间安装排风设备及中心导体专用传递窗口，传递距离短，环境洁净度高，有效地避免了外部污染。

界面涂覆工艺：戴一次性手套将清洗后的导体取出，避免污染喷砂面；将导体放入电热烘箱中烘干；配置好的底胶溶液在使用前进行比重测量并记录；胶液的比重要在工艺文件规定的范围内；在十万级洁净度防尘室内戴一次性手套，使用毛刷在导体涂胶部位均匀地涂上一层胶液，不能漏涂或留下胶液的流痕、斑纹等。对喷砂部位的临界线要精确涂覆，涂覆部分要求高出喷砂临界线1mm；充分注意沟槽、凸起等部位的涂覆，要求到位、充分。检查涂胶面有无底胶的存积、斑纹、异物刷毛等，如肉眼辨别不清，要使用5倍放大镜仔细分析。用干净的自封袋将检查合格的导体单个包装，并在包装袋上注明涂胶日期后备用。

3. 脱模工艺改进

为了减少脱模过程中对盆式绝缘子产生机械性能方面的影响，使盆体变形或中心导体与环氧盆体黏合不牢，因而对脱模过程进行了改进：

（1）卸下中心导体定位螺丝，将模具翻转至水平方向，凸面朝下平稳吊放于地面上，利用顶丝对角方向同时开模。

（2）脱模过程中增加气动辅助脱模，避免人工脱模受力不均匀影响产品的机械性能。

（3）改变模具中心导体的密封方式，由原来的聚四伏乙烯环密封改为用硅胶绳双密封，提高密封效果，改进导体断面绝缘体包覆的外观质量。

（4）控制单件脱模时间小于60min，工件脱出后采取保温措施对工件进行保温，使用定型工装将脱模后的工装送入固化炉进行二次固化。

4. 固化工艺改进

固化工艺过程的优劣直接影响到最终产品质量的高低和稳定性，在固化工艺方面进行了如下改进：

（1）通过对特高压盆式绝缘子固化所用固化炉进行定期测温，用多点测温仪测量炉内各区域温度，保证特高压盆式绝缘子不在炉温不均匀的固化炉中进行固化。特高压盆式绝缘子一次固化时模具摆放位置和二次固化零件的摆放位置在工艺文件中均有严格的规定，而且均采用专用固化炉。

（2）对前固化工艺后绝缘体的玻璃化转变温度进行监测，确保固化工艺的均匀性和稳定性，为后固化工艺提供参考。

（3）后固化结束后，控制炉温下降，使特高压盆式绝缘子随炉温缓慢冷却，取出绝缘子后及时用专用的保温工装进行保温，并延长保温时间。该措施可保证特高压盆式绝缘子整体玻璃化转变温度的均匀性。

5. 模具、中心导体和屏蔽环改进

为了更好地优化特高压盆式绝缘子，改进了模具优化流程，对模具表面取消了电镀铬处理，增加了特殊处理，大大提高了特高压盆式绝缘子的光泽度。

对中心导体与环氧树脂黏结的部位，使用干燥的压缩空气进行喷砂处理，喷砂过程中注意使用专用工装对非喷砂部位进行防护，对喷砂粒度、喷砂压强和喷射距离严格控制。喷砂后的表面要求为均匀的无光泽梨皮面，不允许出现不均匀的亮点。

对中心导体和屏蔽环采用超声波水清洗，并在蒸馏水中加入特殊清洗剂配方，去除污渍后再用水清洗后烘干，烘干后放在气相膜中封存以备待用。使用时在专用窗口进行传递，并且使用前由检查员进行对中心导体和屏蔽环进行外观检查，不符合要求的重新进行清洗。

6. 水压试验规程改进

前期在对特高压盆式绝缘子水压试验中发现工装底座及上盖表面有不平整和锈蚀现象，造成个别绝缘子在水压过程中有密封槽损坏以及安装水压工装时螺杆旋入遇到卡滞等现象，可能对绝缘子造成损伤。为了避免水压试验过程中对盆式绝缘子造成损坏，通过试验制定了新的特高压盆式绝缘子水压操作规程。

规程要求检查工装底座及上盖表面是否平整，是否存在尖角等不合格现象。与盆式绝缘子直接接触的位置若有锈蚀现象，可用砂纸对其进行砂磨处理，处理后用无毛纸蘸取酒精进行擦拭。检查绝缘子表面是否存在磕碰划伤等现象，查看绝缘子法兰环与树脂接触位置的间隙，确保其间隙一致。若其间隙相差较多，可通过拍击法兰环进行调整。将密封圈安放入绝缘子密封槽内，安装时注意将密封圈压入到槽内，使其不能攒动。在法兰环对称的螺孔处拧入带有导套的螺杆，在盆式绝缘子法兰环螺孔处对称地拧上吊环，利用吊车将绝缘子平稳地放置于工装底座上，放置时注意将导套是否顺利地进入工装的圆孔内。将带有导套的螺杆拧入绝缘子法兰的上部，利用吊车将工装上盖平稳地安置于盆式绝缘子上，安装时注意导套是否顺利地进入工装的圆孔内，用电动扳手将带有垫圈的螺杆旋入工装及盆式绝缘子的螺孔内，螺杆旋入时注意是否顺畅，遇到卡滞等现象应及时校正，避免产生应力从而对盆式绝缘子造成损伤。操作者两人同时用力矩扳手对螺杆及螺帽进行180°的对称上下把持，每个螺孔依次进行，直至整个盆式绝缘子把持完成。

7. 质量控制提升

从人、机、料、法、环等方面入手编制了详细的质量控制计划，以提高特高压盆式绝缘子的质量水平，具体措施如下：

（1）金属预埋件镀银面不能有磕碰划伤、镀银层起泡、发红露底等缺陷；喷砂后的表面是均匀的无光泽的梨皮面，不能有喷砂不良的亮点出现，不能有磕碰划伤等缺陷；螺纹孔及应力槽内没有金属屑、油污等异物。

（2）金属预埋件使用专用工装在专用清洗设备内进行清洗作业，金属预埋件在清洗及存放过程中要使用专用防磕碰工装。

（3）指定技能水平高的操作人员进行配胶与涂覆工作，每次配制的胶液使用时间不超过15天，涂胶前的胶液比重控制在工艺允许范围内，涂胶后金属预埋件的可用周期不超过10天，超期的导体要重新专业清洗。做好配胶及胶液检测记录，做好嵌件涂胶日期标识。

（4）每日对装模间洁净度测量一次，符合十万级洁净度要求后方可使用；装模前对嵌件涂胶面、镀银面进行确认，确认嵌件螺纹孔、应力槽内无异物；合模灯检时，特别注意检查密封槽、嵌件根部、模腔底部、浇口处有无异物残留；模具密封部位无树脂毛刺、异常突起的尖角等，避免与导体/嵌件刮擦。在安装嵌件前检查嵌件螺纹，确认完好无异常，锁紧嵌件前要先进行预紧；装配好的模具预热时间大于两小时后，方能允许浇注。脱模时使用专业液压脱模工装。

（5）指定技能水平高的人员进行浇注操作，由至少两名浇注人员对浇注工艺参数（真空、温度、时间等）进行确认，确保其符合工艺要求；浇注前对使用的滤网进行确认，保证其清洁度、无网丝脱落/松动。

（6）指定技能水平高的人员进行装脱模操作，脱模过程使用专用脱模工装进行操作，保证工件均匀受力；指定固化炉编号，工件从出一次固化炉到入二次固化炉时间间隔不大于1h；脱出后的工件及时放入专用定型工装，防止工件在固化过程中发生变形；每隔30天检查一次专用定型工装的平面度及表面状况。

（7）在机加工、修整工序，使用专用刀具及工具对盆式绝缘子中心导体根部及表面进行处理，对导体根部及密封槽部位进行着色渗透检查；逐件取样进行玻璃化温度检测，玻璃化温度不低于115℃。

（8）指定操作者实施密封及气压试验，使用220N·m力矩对称把紧全部螺栓；漏气率控制在5×10^{-7}MPa·cm^3/s以下。

（9）使用X光探伤检查盆式绝缘子内部，确认工件内部物料均匀、无气泡、无金属异物、无裂纹等异常现象；重点检查浇注口、导体、导体周围及屏蔽环附近有无异常。

（10）使用专用工装对绝缘子逐件进行工频和局部放电试验，局部放电量测量时间不低于10min，要求背景局部放电值不大于3pC，局部放电实测值不大于3pC。

第4章 绝缘子性能评估与运行维护

4.1 绝缘子检测与试验

GIS绝缘子在运行过程中受到热、力、电等多个因素作用，加之运行过程中长期处于各因素耦合场的作用，因此其性能评估要充分考虑各个因素可能产生的影响。环氧浇注工艺被认定为特殊工艺，即加工质量不易通过后续的测量或试验得到充分的验证。考虑绝缘子的应用工况，推荐将绝缘子的验证分为材料验证、工艺验证、成品验证三个类型。

4.1.1 材料验证

对环氧树脂体系性能进行热、力、电等多方面的验证，并充分验证多场耦合下材料的性能是否满足使用要求。验证项目应包含外观、比重、力学性能及其温度特性、电学性能及其温度特性、热力学温度特性等内容，推荐项目及验证方法如下所述。

1. 外观

肉眼观察：色泽均匀、无开裂、无杂质或气泡。

2. 比重

按GB/T 1033.1—2008《塑料 非泡沫塑料密度的测定 第1部分：浸渍法、液体比重瓶法和滴定法》中5.1描述的方法进行测试，浸渍液为水，测试温度为（23±2）℃，根据GB/T 1033.1—2008中式（2）计算试样的密度，试验需要选取5个试样，各进行1次试验，取5个试样测试结果的算术平均值，应满足制造厂技术条件的要求。

3. 拉伸强度

试样形状和尺寸应满足GB/T 1040.1—2018《塑料 拉伸性能的测定 第1部分：

总则》中6.1的相关要求，测试方法按GB/T 1040.1—2018中第9条的相关规定，测试温度为（23±2）℃、拉伸速度为5mm/min。根据GB/T 1040.1—2018中计算试样的拉伸强度，需选取5个试样，各进行1次试验，取5个试样测试结果的算术平均值，应满足制造厂技术条件的要求。

4. 拉伸强度温度特性

试样形状和尺寸应满足GB/T 1040.1—2018中6.1的相关要求，测试方法按GB/T 1040.1—2018中第9条的相关规定。根据GB/T 1040.1—2018中计算试样的拉伸强度，需选取15个试样，在（25±2）℃、（50±2）℃、（75±2）℃、（100±2）℃、（125±2）℃每组三件，各进行1次试验，每组取3个试样测试结果的算术平均值，应满足制造商技术条件的要求。

5. 拉伸弹性模量

试样形状和尺寸应满足GB/T 1040.1—2018中6.1的相关要求，测试方法按GB/T 1040.1—2018中第9条的相关规定，测试温度为（23±2）℃、拉伸速度为5mm/min。根据GB/T 1040.1—2018中计算试样的拉伸弹性模量。需选取5个试样，各进行1次试验，取5个试样测试结果的算术平均值，应满足制造商技术条件的要求。

6. 拉伸弹性率温度特性

采用动态力学分析仪（DMA）进行测试，试片尺寸2mm×2mm×80mm。升温速率2℃/min，测试频率3.5Hz，力值不超过5N，位移不超过240μm。试验需要测试3个试样，扫描25～150℃的完整曲线，绘制出测试曲线，各温度点性能衰减均符合制造商技术条件及应用要求。

7. 弯曲强度

试样形状、尺寸及测试状态见图4-1和图4-2（与规程内的推荐试样尺寸不同），测试方法按照GB/T 9341—2008《塑料 弯曲性能的测定》中第8条的规定，本标准要求试验温度为（23±2）℃，弯曲率应变速率尽可能接近1%/min，推荐试样的试验速度为2mm/min。按GB/T 9341—2008中式（5）计算试样的弯曲强度，试验需选取5个试样，各进行1次试验，取5个试样测试结果的算数平均值。

图4-1 弯曲强度试样形状、尺寸

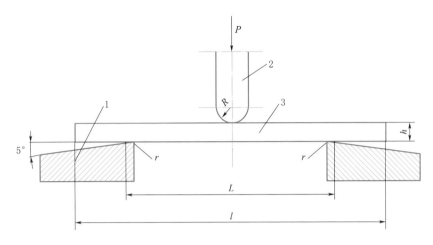

图 4-2 弯曲强度试样测试状态

1—试样支架；2—加载上压头；3—试样，跨距 $L=70$ mm

8.体积电阻率

试样形状和尺寸如图 4-3 所示，按 GB/T 31838.2—2019《固体绝缘材料　介电和电阻特性　第 2 部分：电阻特性（DC 方法）体积电阻和体积电阻率》中第 5 条描述的方法进行试验。体积电阻率测试线路见 GB/T 31838.2—2019 的图 1，试验电极形状见 GB/T 31838.2—2019 的图 2（其中的尺寸为 $d_1=50$ mm、$d_2=54$ mm、$d_3=74$ mm、$d_4=74$ mm、$g=2$ mm）（规程内无此尺寸）。本标准使用电阻率仪、三电极法测试，测试温度为（23 ± 2）℃，按 GB/T 31838.2—2019 中 6.1 规定的方法计算试样的体积电阻率。试验需选取 5 个试样，各进行 1 次试验，取 5 个试样测试结果的算术平均值，应满足制造厂技术条件的要求。

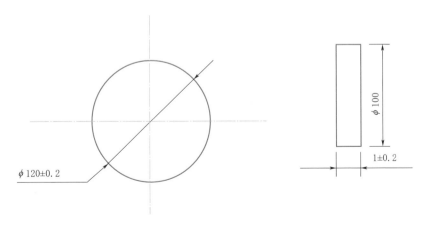

图 4-3 试样形状和尺寸

注 1.图中单位为 mm；注 2.也可采用直径为 100mm、厚度为 2mm 的试样。

9. 体积电阻率—温度特性（25~125℃）

试样形状和尺寸如图4-3，测试线路、电极、装置等要求与体积电阻率测试相同。试样分别在25℃、50℃、75℃、100℃、125℃温度下测量体积电阻率，每组检测3件，取算术平均值，按点连接绘制曲线，应满足制造厂技术条件的要求。

10. 相对介电常数

试样形状和尺寸如图4-3所示，按GB/T 1409—2006《测量电容率、介质损耗因数的方法》中第6条规定的方法进行测试，本标准要求测试温度为（23±2）℃（标准未提供试验温度），使用西林电桥法进行测试。按GB/T 1409—2006中式1计算试样的介电常数。试验需要选取5个试样，各进行1次试验，取5个试样测试结果的算术平均值，应满足制造厂技术条件的要求。

11. 介电常数—温度特性（25~125℃）

试样形状和尺寸如图4-3所示，按GB/T 1409—2006中7.3规定的方法进行测试，使用西林电桥法进行测试，按GB/T 1409—2006中式（1）计算试样的介电常数。试样分别在25℃、50℃、75℃、100℃、125℃温度下测量，每组检测3件，取算术平均值，按点连接绘制曲线，应满足制造厂技术条件的要求。

12. 介质损失角正切

试样形状和尺寸如图4-3所示，按GB/T 1409—2006中7.3规定的方法进行测试，本标准要求测试温度为（23±2）℃，使用西林电桥法进行测试。按GB/T 1409—2006中式（6）计算试样的介质损耗。试验需要选取5个试样，各进行1次试验，取5个试样测试结果的算术平均值，应满足制造厂技术条件的要求。

13. 介质损耗—温度特性（25~125℃）

试样形状和尺寸如图4-3所示，按GB/T 1409—2006中7.3规定的方法进行测试，使用西林电桥法进行测试，按GB/T 1409—2006中式（6）计算试样的介质损耗。试样分别在25℃、50℃、75℃、100℃、125℃温度下测量，每组检测3件，取算术平均值，按点连接绘制曲线，应满足制造厂技术条件的要求。

14. 拉伸应力应变特性

试样形状和尺寸应满足GB/T 1040.1—2018《塑料　拉伸性能的测定　第1部分：总则》中6.1的相关要求，测试方法按GB/T 1040.1—2018中第9条的相关规定，本标准要求测试温度为（23±2）℃、拉伸速度为2mm/min。采用一个试样在0~50MPa过程中均匀记录5个点绘制回归曲线，应满足制造厂技术条件的要求。

15. 线膨胀系数（1/℃）

采用热机分析仪（TMA）进行测试，温度测试范围0~100℃，测量尺寸变化与温度变化的比值。试样为圆柱体（直径6~10mm，高度20mm），根据式（4-1）计算试样的线膨胀系数。试验需要选取5个试样，各进行1次试验，取5个试样测试结果的算术平均值，应满足制造厂技术条件的要求。

线膨胀系数为

$$\alpha = \frac{\Delta L}{L_0 \times \Delta T} \qquad (4-1)$$

式中　α 为线膨胀系数，$1/K$；ΔL 为试样膨胀值和试样收缩值的算术平均值，mm；L_0 为试样原始长度，mm；ΔT 为温度差的平均值，K。

16. 玻璃化温度

采用热流通量方式的差式扫描量热法（DSC），按GB/T 22567—2008《电气绝缘材料　测定玻璃化转变温度的试验方法》中第5条描述的方法进行测试，温度测试范围100~140℃，升温速率10℃/min。试验需要选取5个试样，各进行1次试验，取5个试样测试结果的算术平均值，应满足制造厂技术条件的要求。

17. 弯曲弹性模量

试样形状、尺寸及测试状态见图4-1和图4-2，测试方法按照GB/T 9341—2008中第8条的规定，本标准要求试验温度为（23±2）℃，弯曲率应变速率尽可能接近1%/min，推荐试样的试验速度为2mm/min。按GB/T 9341—2008中式（5）计算试样的弯曲强度，按式（9）计算试样的弯曲弹性模量，试验需选取5个试样，各进行1次试验，取5个试样测试结果的算数平均值，应满足制造厂技术条件的要求。

18. 泊松比

试样形状和尺寸应满足GB/T 1040.1—2018中6.1的相关要求，测试方法按GB/T 1040.1—2018中第9条的相关规定，本标准要求测试温度为（23±2）℃、拉伸速度为2mm/min。采用一个试样在0~50MPa过程中均匀记录5个点绘制回归曲线。按GB/T 1040.1—2018中式（9）计算泊松比，应满足制造厂技术条件的要求。

19. 断裂韧性

实验的形状和尺寸如图4-4所示，使用三点弯曲法单边切口梁（SENB）试片，试验温度为（23±2）℃。试样要求预先制备裂纹，然后使用拉力试验机的三点弯曲模式进行测量，弯曲速度为5mm/min，使用最大跨距。试验需选取5个试样，各进行1次试验，取5个试样测试结果的算数平均值。

断裂韧性 K_{IC} 由 K_Q 验证后获得，K_Q 计算式及各参数含义如下：

$$K_Q = (\frac{P_Q}{BW^{1/2}})f(x) \qquad (4-2)$$

$$f(x) = 6x^{1/2}\frac{[1.99 - x(1-x)(2.15 - 3.93x + 2.7x^2)]}{(1+2x)(1-x)^{3/2}} \qquad (4-3)$$

$$x = a/W \qquad (4-4)$$

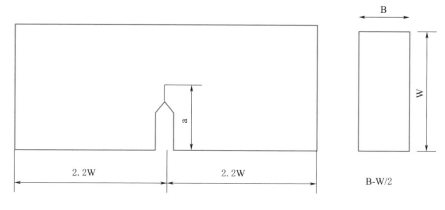

图4-4　断裂韧性SENB试样形状和尺寸

20.耐电弧性

试样形状和尺寸如图4-4所示，按IEC 61621—1997《干燥实心绝缘材料耐高压低电流电弧放电的试验》中第7条规定的方法进行试验，本标准要求使用高压微弧法，使用IEC 61621—1997中图4的测试装置，使用电极固定样品，测量样品在持续电弧作用下的破坏时间，使用计时器直接读取。试验需要选取5个试样，各进行1次试验，取5个试样测试结果的算术平均值，应满足制造厂技术条件的要求。

21.绝缘破坏强度

试样形状和尺寸如图4-4所示。上下表面施加电压，击穿强度大于30kV/mm。需选取5个试样，各进行1次试验，取5个试样测试结果的算术平均值，应满足制造厂技术条件的要求。

22.压缩强度

采用ϕ13×13的实心柱进行测试，其他试验条件按GB/T 1039—1992《塑料力学性能试验方法　总则》进行调节。需选取5个试样，各进行1次试验，取5个试样测试结果的算术平均值，应满足制造厂技术条件的要求。

4.1.2　工艺验证

工艺验证旨在验证树脂与金属件的配合特性。由于树脂与金属件热力学性能相差较大，复合后粘接面应具备符合要求的耐热冲击、耐力冲击以及耐电老化能力。

4.1.2.1　热膨胀系数

树脂与配合金属间的热膨胀系数差距应在符合设计要求的方位内，使之通过合理的工艺处理，承受热力冲击时可以保持质量特性。

4.1.2.2 树脂-金属粘接的拉伸强度（25℃）

试样形状和尺寸如图4-5所示，试验温度为（25±2）℃、（50±2）℃、（75±2）℃、（100±2）℃、（115±2）℃，按GB/T 1040.1—2018中第9条描述的方法进行测试，需采用特殊的夹具。拉伸速度为2mm/min，按GB/T 1040.1—2018中计算试样的拉伸强度。每组需选取至少3个试样，各进行1次试验，取3个试样测试结果的算术平均值，结果应符合设计要求。

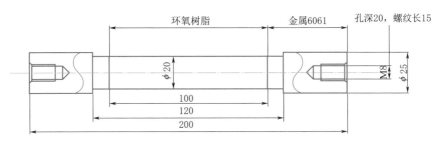

图4-5 试验棒（树脂金属黏结）形状和尺寸

4.1.2.3 电极模式工频耐压

试样如图4-6所示，两端加装屏蔽电极，升压至150kV，不发生放电现象。采用3件试验件进行试验，各进行1次试验，取3个试样测试结果的算术平均值，实验结果应满足设计要求。

4.1.2.4 电极模式局部放电

试样如图4-6所示，两端加装屏蔽电极，升压至120kV并保持1min，降至90kV局部放电量不大于3pC。采用1件试样进行试验，实验结果应满足设计要求。

4.1.2.5 电极模式雷电冲击耐压

试样如图4-6所示，两端加装屏蔽电极，雷电冲击1.2/50μs，耐受96kV/mm。采用1件试样进行试验。试验结果应满足技术要求。

4.1.3 成品验证

成品验证是指在材料性能及工艺水平稳定的情况下，对制品个体之间的波动性及制品与组装件间电、力、热多场耦合下的契合特性是否满足使用要求进行的验证。

验证项目一般包括尺寸外观、玻璃化温度、力学性能试验、电性能试验等。各项检测结果均应符合设计及使用要求。

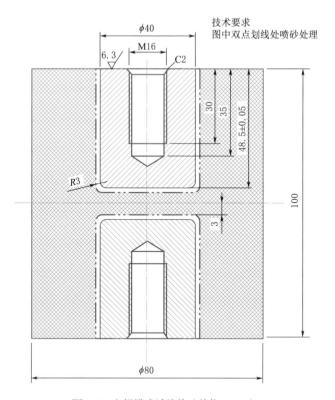

图 4-6　电极模式试验件（单位：mm）

4.1.3.1　尺寸外观

环氧浇注件脱模后表面有一层固化过程中形成的类釉层，其光洁度及电性能优良，因此建议尽可能控制对表面的加工与打磨。

由于环氧浇注件固化过程存在聚合收缩反应，尺寸上不可避免地存在轻微波动，加上有机材料热膨胀系数偏大，尺寸随温度变化而波动，故环氧浇注件尺寸精度的控制较机加工工艺控制难度大。其尺寸要求应在工艺水平的基础上予以设定，部分尺寸精度要求偏高的尺寸建议采用浇注后机加工予以保证。

为确保产品质量、减少打磨，外观质量的控制应按照电场及屏蔽情况予以严格区分，各部分色差、非金属杂质的控制应严格符合技术要求。

4.1.3.2　玻璃化温度

T_g 值的要求应综合考虑应用现场温度、温升效应（环境致热、电场致热）等。T_g 值应高于考虑以上条件后的应用温度。为保障材质均匀性，抽检单件制品的 T_g 值极差，应符合技术要求。

4.1.3.3　探伤试验

X光探伤试验以X射线成像技术对制件内部的异物、气泡、裂纹、成分均匀性进行检测，检测结果应符合技术要求。

着色探伤试验以清洗剂、着色剂、显影剂予以配合，对树脂金属结合面进行验证，各部位不允许存在着色渗透现象。

4.1.3.4　机械性能试验

（1）例行试验：按实际工况进行验证，受力值应大于设计受力值2倍，无任何异常。

（2）破坏试验：按实际工况进行验证，受力值应大于设计受力值3倍，无任何异常。

4.1.3.5　电性能试验

按实际工况进行验证，气压值符合设计要求时，工频耐压、局部放电、雷电冲击、操作冲击等指标均应符合技术要求。考虑到装配过程可能引入的不确定性，原则上试验过程发生闪络时，允许对绝缘子进行擦拭后重新试验，达到技术指标后视为合格品，有特殊要求的除外。

4.2　绝缘子缺陷诊断

绝缘子缺陷主要集中于表观质量缺陷、内部异物及气泡、材料力学性能不良、材料电学性能不良、密封不良、黏结不良和配套件质量缺陷七种类型。

GIS中的绝缘子采用环氧树脂真空浇注的工艺制作，并通过完整的出厂试验。虽然在此制造及检查工艺下出厂的绝缘子的合格率很高，但也会由于运输、装配等因素在绝缘子内部产生缺陷。绝缘子在运行中常见的缺陷主要有局部放电（表面异物、内部气孔、裂纹）和气体泄漏（绝缘子开裂），绝缘子作为GIS的主要部件在运行中起着至关重要的作用，采取必要的检测手段检测运行中绝缘子的各项性能就尤为重要。

运行中的盘式绝缘子、盆式绝缘子、支柱绝缘子的主绝缘部分封闭在气室内部，又由于GIS设备结构紧凑的特殊性，因此只能通过带电检测及停电绝缘试验的方式对绝缘子的运行状态进行评估，检测方式主要有：红外成像检测、绝缘电阻测试、局部放电测试、SF_6气体分解物测试、SF_6气体检漏试验和湿度检测。

4.2.1　局部放电测试

局部放电是GIS内部绝缘损坏的外在表现，如果局部放电得不到及时有效的处理，会进一步导致绝缘劣化；当GIS内部产生局部放电时，会激发电/磁、振动、声音、热量、化学等二次现象。通过合理选取某一种物理量作为主要检测对象，以实现对内部放电的检测。

4.2.1.1　特高频（UHF）法检测

GIS内的局部放电因击穿过程很快，会产生很陡的脉冲电流，并激发特高频UHF（300～3000MHz）电磁波，而这种电磁波在GIS同轴谐振腔内可以传播较远的距离。特高频局部放电检测时，通过UHF传感器测量局部放电所激励的特高频电磁波信号实现局部放电的测量；使用多个UHF传感器利用时差法分析可实现局部放电的定位。

优势：目前应用最为普遍的方式，对放电性缺陷的检测较灵敏。

缺点：①易受现场干扰的影响，容易造成误判，为消除手机通信、电晕、外部悬浮电极干扰，目前可采用屏蔽材料包裹特高频传感器的方式来避免外界干扰，可有效减少误判和漏判，对比效果如图4-7所示；②对技术人员的要求较高，尤其要有一定的经验，需要较长时间、较多测试的积累。

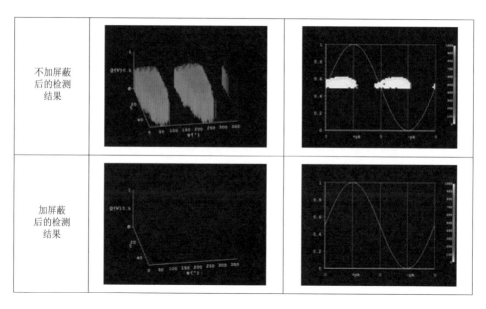

图4-7　屏蔽材料屏蔽效果对比图

（1）固体绝缘表面爬电图谱如图4-8所示。

（2）固体绝缘内部气隙放电图谱如图4-9所示。

4.2.1.2　超声波法局放检测

GIS内的局部放电会使绝缘气体间的分子激烈碰撞并在宏观上瞬间产生一种压力，产生超声波脉冲。超声波信号在气体中衰减很快，这种特性虽然不适合在线监测，但却适合进行故障的快速定位。常见绝缘子放电典型图谱如下。

1.某550kV GIS绝缘支柱绝缘子上放电

某GIS绝缘支柱绝缘子上放电信号图如图4-10所示，解体后放电痕迹如图4-11所示。

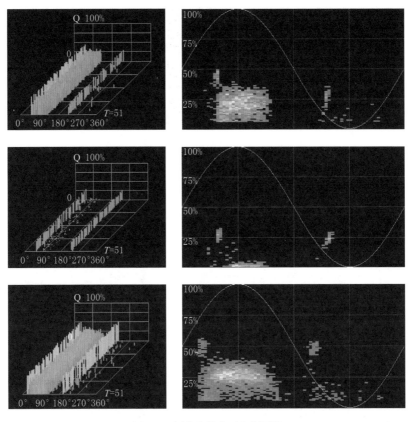

图 4-8 固体绝缘表面爬电图谱

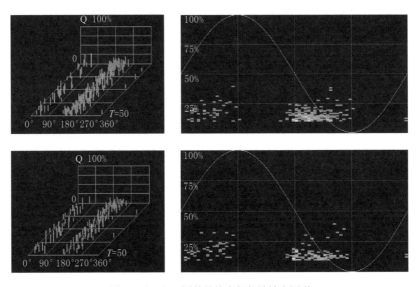

图 4-9（一） 固体绝缘内部气隙放电图谱

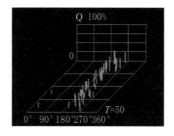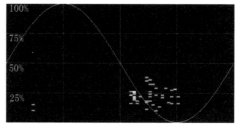

图 4-9（二） 固体绝缘内部气隙放电图谱

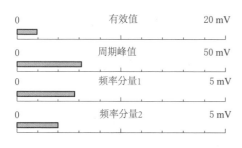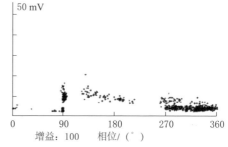

图 4-10　GIS 绝缘支柱绝缘子上放电信号图

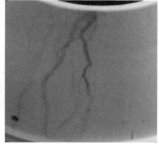

图 4-11　GIS 绝缘支柱绝缘子上放电痕迹

分析：在GIS绝缘支柱绝缘子附近，测量到的信号约为10~20mV，不是很稳定，50Hz相关性较大，100Hz相关性也出现，并且也不稳定。解体后发现表面有明显的电树。

2.252kV GIS 支撑绝缘子上的放电

某252kV GIS支撑绝缘子上的放电引发的信号图如图4-12所示，解体后放电痕迹如图4-13、图4-14所示。

分析：信号峰值达到了600mV，呈现了明显的100Hz相关性。解体后在导电环周围发现明显的放电痕迹。

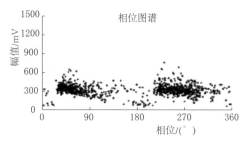

图 4-12 GIS 支撑绝缘子上的放电信号图

图 4-13 GIS 支撑绝缘子上的颗粒放电痕迹 1

图 4-14 GIS 支撑绝缘子上的颗粒放电痕迹 2

4.2.2 SF$_6$ 气体分解物测试

GIS 里面的固体绝缘材料和 SF$_6$ 气体的分解温度比较高。故障发生的初期，GIS 内部所产生的分解物的浓度并不高，这就导致一些常规的预试检测不能轻易地检测到问题所在。然而，如果利用 SF$_6$ 气体的分解物测试技术来对它的主要含量进行分析，就可以在不影响设备运行的情况下比较准确的了解 GIS 内部是否存在隐患及隐患的具体位置。SF$_6$ 绝缘介质在 GIS 设备内部发生放电时会产生分解，加上绝缘气体内部不可避免的混入空气和水分，会有各种的分解组分生成，如 SO$_2$F$_2$、HF、SO$_2$、CF$_4$、H$_2$S 等，通过对分解组分的检测分析，来间接判定是否放电。

4.2.3 绝缘电阻测试

绝缘子在长期运行中，不可避免地要受到内部电的、热的和机械力的作用，还要受到外部大气、环境、外力的作用，从而可能造成电气设备绝缘的老化，造成绝缘内部产生缺陷，使绝缘的耐电强度降低，最终导致绝缘的完全破坏。因而，在电气设备的绝缘实验中，测量绝缘电阻是不可缺少的试验项目。

绝缘电阻测量是一项最简便且最常用的试验方法，通常用兆欧表（俗称摇表）进行测量。摇表是一般测量电气线路的绝缘的工具，摇表又称兆欧表，是用来测量被测设备的绝缘电阻和高值电阻的仪表，它由一个手摇发电机、表头和三个接线柱（即L：线路端、E：接地端、G：屏蔽端）组成。分为500V，1000V，2500V等级别。根据被试品在1min时的绝缘电阻大小，可以检测出绝缘是否有贯通的集中性缺陷、整体受潮及贯通性受潮。由试验测得的绝缘电阻值，能判断电气设备中影响绝缘的异物、绝缘局部或整体受潮、绝缘脏污、绝缘严重老化、设备进水绝缘受潮等缺陷。

《电气装置安装工程电气设备交接试验标准》中规定：测量绝缘电阻时，采用兆欧表的电压等级，在本标准未作特殊规定时，应按表4-1中的规定执行。

表 4-1　　　　　　　　　测量绝缘电阻采用兆欧表的电压等级

序号	电气设备或回路电压等级	适用的摇表等级
1	100V 及以下	250V、50MΩ 及以上
2	500V 以下至 100V	500V、100MΩ 及以上
3	3000V 以下至 500V	1000V、2000MΩ 及以上
4	10000V 以下至 3000V	2500V、10000MΩ 及以上
5	10000V 及以上	5000V、10000MΩ 及以上

4.3　绝缘子运行维护

GIS作为气体绝缘金属封闭开关设备，其最显著特点为少维护，因此作为GIS的重要部件的绝缘子，其在运行中可进行的维护项目较少；但绝缘子在设备运行中的作用至关重要，一旦出现故障，会造成大面积的检修范围或停电，因此加强GIS中绝缘子的维护非常必要。

4.3.1　日常巡视项目

（1）检查绝缘子外观，有无剥落、开裂。适用于无金属外环的绝缘子。如图4-15所示，绝缘子外观开裂。

图 4-15　绝缘子外观开裂

（2）检查螺栓孔内有无积水、渗水现象，防水胶有无老化开裂而存在进水隐患。

（3）检查盆式绝缘子分类标示清楚，可有效分辨通盆和隔盆。

（4）检查盆式绝缘子相邻的法兰（尤其是相邻壳体为波纹管时）有无变形，避免绝缘子在异常受力情况下运 行而产生隐患。

（5）注意检查有无异常声响（放电或漏

气声）。

（6）检查并记录密度继电器读数，确保绝缘子对接面不存在气体泄漏。

4.3.2　检测试验

1.带电检测试验项目

（1）红外成像检测。

（2）特高频局放检测（见4.2.1.1）。

（3）超声波局放检测（见4.2.1.2）。

（4）气体分解物测试（见4.2.2）。

（5）检漏试验。

（6）湿度检测。

当气室内的水分超标到一定程度时，会使绝缘子表面的闪络电压降低，导致GIS的整体绝缘性能降低，因此通过定期测量气室内的微水含量，保证设备的绝缘性能。

2.停电检测试验项目

（1）绝缘电阻测试（见4.2.3）。

（2）耐压试验。

4.3.3　绝缘子检修时的关键工艺

（1）应考虑不通孔盆式绝缘子的运行年限及承压能力，采取合理的相邻气室降压方案，保障检修工作的人员及设备安全。

（2）绝缘子表面无划伤、开裂、表面光滑，绝缘子表面不允许打磨。

（3）带金属外圈的盆式绝缘子间隙内部无尘埃。

（4）绝缘子表面清理宜采用"吸—擦"循环的方式，清洁绝缘子时使用无毛纸沿高电位向低电位单向擦拭。

（5）紧固绝缘子时，按照力矩对角循环紧固，避免绝缘子因受力不均而产生应力集中。

（6）应确保现场安装和对接环境的清洁度，现场安装工作应在无风沙、无雨雪、空气相对湿度小于70%等条件下进行，并采取防尘、防潮措施。

第5章 绝缘子故障案例分析

5.1 绝缘子放电类故障案例

5.1.1 案例1——1100kV GIS 断路器合闸电阻水平盆式绝缘子异物导致放电

1.情况说明

2018年9月13日，某1100kV特高压变电站4号主变首检完毕，按计划恢复送电过程中，12时30分54秒，4号主变T051开关合闸，4号主变带电（T052开关热备用状态）。12时34分47秒，4号主变和同串的1000kV××线跳闸。T053开关A相重合于故障，T053开关三相跳闸。现场检查T052开关A相合闸电阻气室有SF_6分解物，判断T052开关A相合闸电阻气室发生内部故障，如图5-1所示，故障电流12.3kA。

故障设备生产日期为2016年3月1日，投运日期为2017年8月14日。

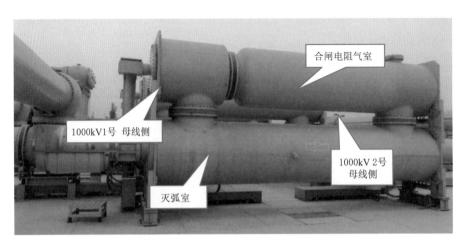

图5-1 邢台站 T052 开关 A 相

2.检查情况

通过气室SF$_6$分解物测试，判断放电故障点位于T052开关A相合闸电阻气室。结合故障录波图，判断两次放电故障发生位置如图5-2所示。

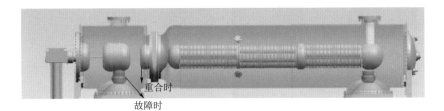

图5-2　T052开关故障位置分析示意图

（1）现场检查情况。

现场打开T052故障开关合闸电阻气室非机构侧盖板，对合闸电阻加装运输支撑，罐体内部有少量SF$_6$分解物，如图5-3所示。确定故障部位在机构侧，与保护信息分析结果吻合。

图5-3　T052开关非机构侧盆式绝缘子及内部分解物

（2）返厂解体检查情。

解体检查发现，合闸电阻机构侧盆式绝缘子表面有放电灼烧痕迹，在灼烧区域右边缘有明显爬电痕迹，屏蔽罩对应放电方向有1个烧损孔洞；机构静触头侧屏蔽罩下部有电弧灼烧痕迹，对应位置的气室罐体内壁有电弧灼烧痕迹，分别如图5-4~图5-6所示。放电盆式绝缘子上方的连接导体屏蔽罩有磕碰痕迹，表面部分油漆脱落，部分圆弧度不足，如图5-7所示。合闸电阻机构侧触头传动杆有轻微划痕，如图5-8所示。

初步清理放电盆式绝缘子表面烧蚀碳化痕迹后，可以清晰地看到11点钟区域（装配状态下从机构侧观察方向）的放电通道。盆式绝缘子中心导体12点钟区域有金属烧融痕迹，其附近的绝缘件表面有熔融物飞溅痕迹，如图5-9所示。

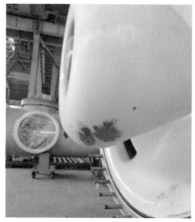

图 5-4　合闸电阻气室盆式绝缘子和静触头侧放电位置

图 5-5　盆式绝缘子与罐体内壁放电位置

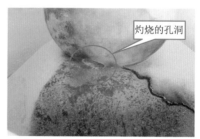
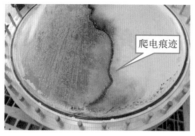

图 5-6　放电的盆式绝缘子各部位情况

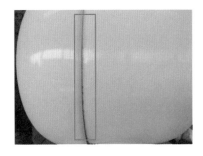
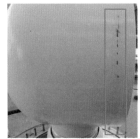

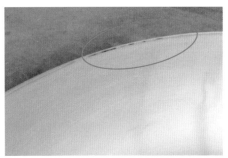

图 5-7　盆式绝缘子上方连接导体屏蔽罩磕碰痕迹及圆弧度不足

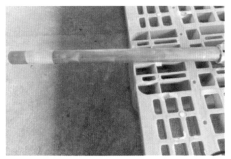

图 5-8　合闸电阻机构动触头传动杆有轻微划痕

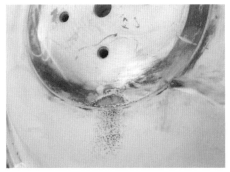

图 5-9　初步清理后的放电盆式绝缘子

（3）返厂试验。

将放电盆式绝缘子封入试验工装，外施工频电压升高到635kV，并进行局部放电量的测量，加压时间不少于5min。试验结果未见异常，最大局放量约为2pC。

对放电盆式绝缘子进行了X射线检查和着色探伤检查，结果表明故障盆式绝缘子无裂纹、气孔、夹杂缺陷也无表面裂纹缺陷。

（4）放电过程分析。

根据T052开关A相厂内解体检查情况，结合保护动作分析，确认合闸电阻机构侧气室内有两次放电，如图5-10所示：第一次放电通道为机构侧盆式绝缘子的沿面放电；第二次线路侧T053开关重合后，由于第一次放电造成气室内部绝缘能力降低，加之在首次放电过程中产生的大量粉尘物堆积在静侧屏蔽罩上，引起机构侧静触头屏蔽罩对罐体内壁的气隙放电。

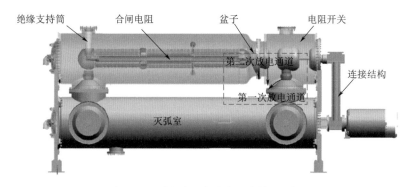

图 5-10　合闸电阻气室内两次放电过程

3.原因分析

通过对盆式绝缘子外观检查、X射线检查和绝缘试验，基本排除水平盆式绝缘子自身缺陷，判断本次故障原因为水平盆式绝缘子表面积聚微粒等异物，对电场造成畸变，最终引起盆式绝缘子沿面放电。T053开关重合后，由于首次放电引起的SF_6气体分解、气室粉尘堆积等因素，合闸电阻开关静触头侧屏蔽罩对壳体击穿放电。异物与工艺控制不良、连接导体屏蔽罩磕碰、合闸电阻开关动静触头操作碰撞、动触头传动杆磨损等因素有关。

4.措施及建议

排查同型号GIS可能产生异物的部位，并开展盆式绝缘子表面积聚异物对表面电场及绝缘特性的影响研究，做好特高压开关的盆式绝缘子沿面放电统计分析，提出工艺控制措施；对在运、在建的同类型特高压开关制定针对性措施，并提出检修周期建议。在新建/扩建工程的设计、设备招标及验收阶段，落实特高压GIS盆式绝缘子应尽量避免水平布置的要求。

5.1.2　案例2——800kV GIS 盆式绝缘子内部树脂与屏蔽结合不良缺陷导致放电

1.情况说明

2016年10月16日，某750kV变电站800kV GIS 75202和75226 A相隔离开关发生内部故障，气体分解产物检测发现，75202 A相隔离开关和75226 A相隔离开关气体分解物异常，判断内部发生放电。

故障设备的生产日期为2008年12月，投运日期为2010年1月。

2.检查情况

故障后现场检查一次设备发现75202 A相隔离开关附近有异味，经检查发现其低位盆式绝缘子处有漏气现象如图5-11所示。

图5-11　75202、75226隔离开关 A 相

（1）解体检查情况。

经解体检查发现，75226 A相隔离开关与75202 A相隔离开关之间的过渡母线筒的盆式绝缘子炸裂，筒体内壁存在大量白色粉末，底部存在大量盆式绝缘子炸裂的碎片。盆式绝缘子另一侧75202 A相隔离开关内壁存在少量白色粉末，底部存在少量盆式绝缘子炸裂的碎片，75202 A相隔离开关静触头屏蔽罩有凹痕，分别如图5-12～图5-14所示。

图5-12　盆式绝缘子两侧照片

图 5-13　静触头屏蔽罩凹痕　　　　　　图 5-14　隔离开关底部

对炸裂的盆式绝缘子进行检查，发现盆式绝缘子约40%面积烧损，击穿炸裂部分约占盆式绝缘子总面积的1/8，烧蚀痕迹和炸裂形状均以嵌件为中心呈扇形分布，炸裂情况集中在盆式绝缘子上半部分，10点半至12点方向已形成贯穿性孔洞，绝缘子凹面和凸面照片如图5-15所示，嵌件在此方向尚有绝缘材料覆盖，残留的绝缘材料上可见一道明显的裂痕，嵌件边缘可见明显缝隙。凹面和凸面均存在白色粉末，其中凹面12点半方向灼烧的痕迹上有黄色结晶体。如图5-16所示，盆式绝缘子凹面10点和1点方向各有一条放电树枝，10点方向放电树枝较细，1点方向放电树枝较粗。凸面无放电树枝，无黄色结晶体。

图 5-15　盆式绝缘子凹面和凸面照片　　　图 5-16　盆式绝缘子凹面放电
　　　　　　　　　　　　　　　　　　　　　　　　树枝照片

对故障盆式绝缘子两侧导电杆插接部位进行检查，发现盆式绝缘子触头与盆式绝缘子连接螺丝无松动，盘簧触指无损伤、无变形。盆式绝缘子凹面触头和凸面触头如图5-17所示，盆式绝缘子凹面触头与导电杆有预留间隙，未发现受力不对中情况。凹面触头上半部分外表面有放电痕迹，凹面导电杆上半部分有烧蚀痕迹，凸面触头外表面无放电痕迹。

（2）计算及试验分析。

对盆式绝缘子绝缘设计裕度进行计算核实，设计结构合理，排除了设计裕度不

图 5-17　盆式绝缘子凹面静触头和凹面触头照片

够的问题。通过检查触头外观及安装预留间隙，及各零部件尺寸测量，未发现异常，排除盆式绝缘子受力不均问题。

对盆式绝缘子上的黄色絮状物和白色粉末进行检验，黄色絮状物主成分检测为邻苯二甲酸酐，为盆式绝缘子固化剂成分，均未发现异常成分。

对盆式绝缘子取样，进行X光探伤、玻璃化温度检测、比重检测、填料含量检测，检测结果与设备制造厂提供数据相符。完好的盆式绝缘子浇注工艺中均匀度不存在控制不良问题。对未碎裂盆式绝缘子进行X光探伤，未发现气泡存在。

（3）复原检查情况。

盆式绝缘子复原照片如图5-18所示，盆式绝缘子炸裂复原部位凹凸面均无放电树枝，沿半导体屏蔽环有烧蚀和炸裂痕迹。复合半导体屏蔽环内置于盆式绝缘子中，在本次故障中，损坏最为严重。本次检查发现嵌件和绝缘材料间可见明显缝隙。

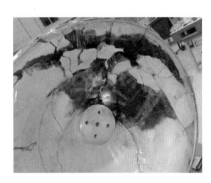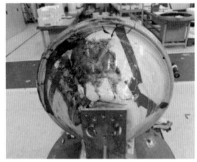

图 5-18　盆式绝缘子复原照片

在复原盆式绝缘子的过程中，对故障绝缘子复原清洗的碎块进行检查，发现半导体屏蔽层与树脂接触位置炸裂的两块碎块有明显的不同。其中一块经过清洗表面颜色较深并粘有半导体屏蔽材料，另一块清洗后颜色较浅，并且表面光滑，未粘有半导体屏蔽材料，疑似与屏蔽结合不良，如图5-19所示。

树脂与接地屏蔽接触处颜色较重

树脂与接地屏蔽接触处颜色较浅

图5-19 烧蚀后的盆式绝缘子接地屏蔽处碎块

3.原因分析

结合故障前工况，若盆式绝缘子表面污秽闪络，直接引起跳闸，在盆式绝缘子上留有较浅的放电通道，不会产生如此严重的炸裂贯穿现象，并且检验未发现异物成分，可以排除安装清洁度问题。解体检查发现盆式绝缘子内部炸裂严重，贯穿部位复原后未发现放电树枝痕迹，发现的两束放电树枝在炸裂部位两侧，不排除炸裂过程，炸裂部位两侧绝缘损伤，产生了爬电，后经过重合闸和反送电加剧了损害强度，出现了放电树枝和黄色结晶体。综合分析认为，本次故障的主要原因是盆式绝缘子内部缺陷导致贯穿性破坏。

疑似内部缺陷有三种可能，一是复合半导体屏蔽环存在缺陷；二是嵌件和盆式绝缘子绝缘件契合处存在内部缺陷；三是盆式绝缘子炸裂部分绝缘材料其他部位存在内部缺陷；这三种情况均可引发炸裂。在复原盆式绝缘子的过程中，发现接地屏蔽与树脂接触位置炸裂的两块碎块有明显的不同，一块清洗后颜色较浅，并且表面光滑，未粘有接地屏蔽材料，疑似与接地屏蔽结合不良。经涂胶后对外观进行检查，涂抹胶液部位与未涂抹部位颜色差异明显，可以确定与接地屏蔽结合不良属实，可以排除二、三因素。结合不良的最大可能是装模过程操作不当，屏蔽环局部受到污染，导致结合面存在空穴等缺陷。

环氧树脂与半导体屏蔽层局部结合不良的缺陷，带电运行过程，缺陷部位产生局部放电，引起电场畸变，高压侧至接地屏蔽形成放电通道。随着时间推移，绝缘劣化，放电加剧，故障电流通过高压侧凹面和接地屏蔽流向接地端子，接地屏蔽受到破坏，放电通道贯通，产生电弧，引发盆式绝缘子炸裂，接地端子发生严重的熔融，致使盆式绝缘子接地电阻降低，此时保护动作，第一次故障电流为17kA。故障后的重合闸使盆式绝缘子碳化严重，绝缘劣化加剧，接地电阻进一步减小，故障电流增大，致使第二次的故障电流达到为44kA。

综上所述，本次故障原因为盆式绝缘子树脂与接地屏蔽局部结合不良的缺陷，经过长时间的温差及负载变化，缺陷部位产生局放，引起电场畸变，高压侧至接地屏蔽形成放电通道。通过对设备制造厂盆式绝缘子生产工艺流程、过程控制的调查发现，均符合质量控制要求。此类盆式绝缘子在多个电站已安全运行多年，本次故障盆式绝缘子疑为个别员工在装模过程中操作不当，导致树脂与接地屏蔽存在浇注缺陷，属于极个别现象。

4.措施及建议

现场运行方面定期对该站运行设备进行超声局放测试、气体成分分析；考虑增加特高频局放传感器方案。制造厂方面提高配套件入厂检验及管理，加强对盆式绝缘子质量控制及进厂验收检查，提高盆式绝缘子验收标准，应加强盆式绝缘子质量管控，重点加强绝缘件购置、自生产环节的检测力度，开发应用新型检测技术，增加检测手段，针对盆式绝缘子自身质量问题，做到检测有效无死角。

此外，本次故障中，隔离开关气室与出线分支母线气室虽有盆式绝缘子隔开，但两气室由气路连通，共用一块密度继电器，实际为同一气室，直接导致分支母线气室气体受到污染，进而扩大了故障处理范围，此设计存在缺陷。建议新建750kV变电站过程中，盆式绝缘子隔开的两个气室不应共用一块密度继电器。针对已经共用的老站设备，后期运维过程，应逐步更换。

5.1.3 案例3——800kV GIS 分支母线盆式绝缘子安装不当导致放电

1.情况说明

2017年1月7日，某800kV特高压换流站800kV GIS设备在进行现场交接试验中的工频耐压试验时，B相在工频耐压960kV持续40s后发生放电，经排查，确认故障发生在2号主变间隔1-143单元盆式绝缘子处。

故障设备生产日期为2016年。

2.检查情况

从故障盆式绝缘子凸面方向观察，10点至11点方向有大面积破损，约1/5的环氧树脂碎裂脱离，如图5-20所示。故障盆式绝缘子两侧筒体底部有大量碎片，筒壁上有轻微划痕，应为盆式绝缘子碎片飞溅后与筒体撞击所致。相邻的三通筒体处盆式绝缘子表面有一黑点，疑似放电飞溅物，如图5-21所示。

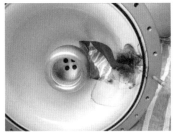

图 5-20 故障盆式绝缘子（凸面和凹面）

故障发生后，对此单元母线筒体及发生放电的盆式绝缘子进行了质量追溯，结果表明该盆式绝缘子经过严格的试验检查，包含工序确认、外观检查、尺寸检查、压力试验、密封试验、X光探伤、工频耐压、局放检测，所有试验项目均合格。

图 5-21　筒体底部碎片

返厂对故障盆式绝缘子及其碎片进行检查，凸面的电连接无异常，凹面的电连接上对应放电通道处有划痕，应为盆子炸裂时碎片撞击电连接造成的，盆子碎裂处中心导体上粘接的环氧树脂出现剥离，盆子碎裂处中心导体上发现有放电点及烧蚀痕迹，如图 5-22 所示。对盆子碎片复原后发现，在盆子碎片向接地屏蔽延伸方向发现疑似放电通道，故障盆式绝缘子复原后发现放电通道处的环氧树脂件碎裂十分严重。

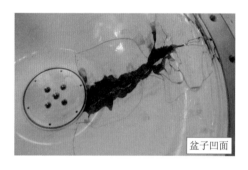
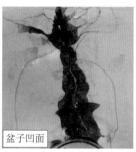

图 5-22　盆子复原后

对盆式绝缘子进行了电场仿真分析计算，计算过程和计算结果分别如图 5-23 和图 5-24 所示，计算结果表明，盆式绝缘子电场强度满足产品绝缘性能要求，并有较高的安全裕度，见表 5-1，绝缘子屏蔽表面的绝缘裕度为 1.23 倍，盆式绝缘子表面的绝缘裕度为 1.74 倍。

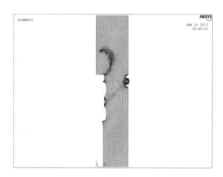
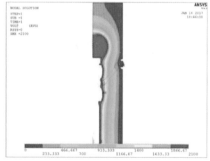

图 5-23　剖分及加载电压结果

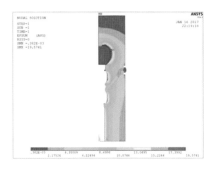
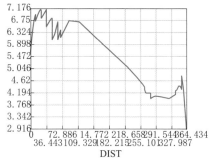

图 5-24 仿真计算结果（绝缘子屏蔽表面和绝缘子表面和场强最大为分别为 19.57kV/mm 和 7.17kV/mm）

表 5-1　　　　　　　　　　　盆式绝缘子电场仿真计算结果

位置	最大值/（kV·mm^{-1}）	安全裕度/倍
屏蔽表面	19.57	1.23
盆式绝缘子表面	7.17	1.74

3. 原因分析

通过对故障盆式绝缘子的质量追溯、出厂试验、厂内的检查复原及试验分析，可确定：①盆式绝缘子在出厂前无任何缺陷；②盆式绝缘子表面不存在贯穿性沿面放电通道，可排除异物附着导致沿面放电；③高压侧中心导体边缘位置及电连接表面未发现放电点，可以排除放电导致盆式绝缘子开裂；④发现中心导体中部存在放电点，盆式绝缘子环氧树脂裂纹断面存在放电通道，可判断盆式绝缘子先出现了开裂现象，后续耐压时引发放电，盆式绝缘子开裂可能是受机械外力引起；⑤可排除因加工尺寸错误或装配误差导致盆式绝缘子受力，判断机械外力的来源可能为现场安装或吊装对接过程中安装人员操作不当引起。

放电过程推测如下，现场安装或吊装对接作业时，由于安装人员操作不当使盆式绝缘子受到异常的外力，引起中心导体与环氧树脂界面发生微小剥离，由于缺陷较小，在现场点检过程中，检查人员未能目视发现。随时间推移以及气体压力作用，微小剥离进一步扩展甚至已经造成盆式绝缘子开裂。在现场绝缘试验时，从开裂的中心导体处发生击穿放电，并导致盆式绝缘子炸裂，盆式绝缘子的放电过程推断如图 5-25 所示。该公司 800kV GIS 产品第一个电站运行超过10 年，相同结构的盆式绝缘子已投入使用近

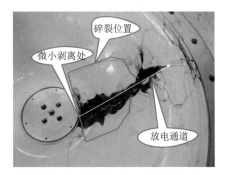

图 5-25 盆式绝缘子的放电过程推断

1万件，绝缘设计裕度大，工艺制造水平稳定，耐压试验过程出现盆式绝缘子击穿碎裂尚属首次，因此认为此次故障应属偶发个案。

4.措施及建议

现场完成故障盆式绝缘子及相邻三通筒体处盆式绝缘子更换。设备制造厂应提高现场安装质量管理水平和产品质量，扎实开展现场安装质量提升管理，扎实做好现场点检工作。

5.1.4 案例4——800kV GIS断路器电流互感器侧盆式绝缘子密封胶溢出导致放电故障

1.情况说明

2018年11月20日，某750kV变电站800kV GIS断路器电流互感器（TA）发生放电故障，通过SF_6气体分解产物测试，初步判断故障气室位于7522断路器C相靠75221侧电流互感器气室内。靠75221侧的盆式绝缘子发生沿面放电故障，故障后气体成分测量发现该气室SO_2及H_2S超标。

故障设备出厂日期为2008年12月，投运日期为2010年1月。

2.检查情况（保护动作情况、现场检查情况、返厂试验情况等）

现场开盖检查7522断路器TA气室C相，检查结果如图5-26和图5-27所示，故障气室内部存在大量灰白色粉末、故障盆式绝缘子表面碳化，附着大量灰白色粉末，盆式绝缘子可见多处电树枝及电弧灼伤痕迹，金属法兰靠高场强侧大面积烧熔，电连接屏蔽罩表面被灰白色粉末包裹。故障盆式绝缘子着色检查及X射线探伤检查发现除主放电通道外，未见明显裂痕或气泡，解体检查，未发现异常或材质不均现象。

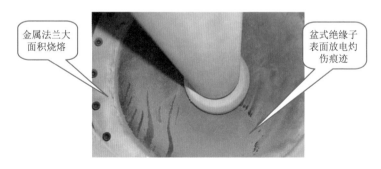

金属法兰大面积烧熔

盆式绝缘子表面放电灼伤痕迹

图5-26 7522断路器靠75221隔离开关侧TA气室开盖检查

7522断路器靠75221隔离开关侧盆式绝缘子表面碳化，附着大量灰白色粉末，盆式绝缘子可见多处电树枝及电弧灼伤痕迹，3点方向至9点方向金属法兰靠高场强侧大面积烧熔，电连接屏蔽罩表面被灰白色粉末包裹，如图5-28所示。

电连接屏蔽罩、TA筒体内及故障盆式绝缘子及表面分解物取样，分别如图5-29

和图5-30所示。

图5-27　TA内壁情况

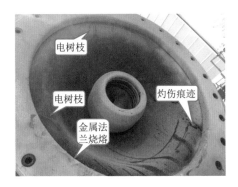

图5-28　7522断路器靠75221侧TA盆式绝
缘子表面情况

图5-29　电连接（屏蔽罩）取样部位图

图5-30　TA气室内壁分解物取样部位

　　TA试验项目包括变比、极性、二次线圈绝缘电阻、直流电阻、伏安特性试验等，试验结果必须符合厂家技术要求。

　　导体的检查，导体表面存在金属喷溅物及烧灼痕迹，如图5-31所示。

图5-31　TA气室内导电杆表面情况

拆解断路器两侧盆式绝缘子，拆解过程中发现故障盆式绝缘子靠断路器气室侧电连接屏蔽罩表带触指槽内含有黑色金属碎屑且凹凸不平，如图5-32所示，同时发现插接导体对应部位存在同样情况，对金属碎屑进行取样，如图5-33所示。

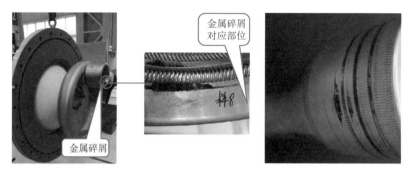

图5-32 盆式绝缘子靠断路器气室侧电连接屏蔽罩　图5-33 电连接屏蔽罩对应导体

断路器气室内部检查，清洁无异物。对电连接屏蔽罩检查，表面可见多处电弧灼伤烧熔痕迹，如图5-34所示。

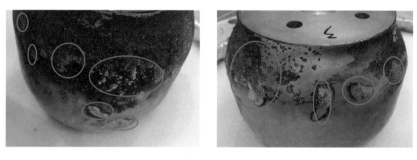

图5-34 电连接屏蔽罩表面多处电弧灼伤烧熔痕迹

盆式绝缘子初步清擦，确定主放电通道，如图5-35所示。对靠近法兰侧放电后形成的碳沉积点进行取样，如图5-36所示。

图5-35 初步清擦确定主放电通道

图 5-36　主放电通道靠近地电位金属法兰侧碳沉积点取样

故障盆式绝缘子整体清擦，清擦后可见多条电树枝及贯穿放电痕迹，着色探伤未发现明显裂纹，如图 5-37 所示。

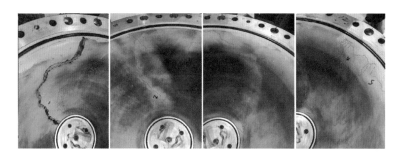

图 5-37　故障盆式绝缘子表面电树枝及导电通道

故障盆式绝缘子 X 射线探伤检查，除主放电通道外，未见明显裂痕或气泡；解体检查，未发现异常或材质不均现象，接地铜头与外侧半导体屏蔽环压接良好；玻璃化温度检测，结果为 136℃，符合厂家技术标准 104℃ 要求；拆解 75211 隔离开关高位盆式绝缘子，可见内部触头及底部无放电痕迹及异物，气室底部清洁。通过对故障盆式绝缘子所在气室内部及盆式绝缘子表面附着的分解物进行取样分析，出现无引入的金属杂质元素。

对 7522 断路器非故障盆式绝缘子及隔离开关更换下的 2 个盆式绝缘子进行 X 射线探伤试验，未发现明显气泡、裂纹等缺陷；工频耐压及局部放电试验，在 U_{m} 耐压值及 $U_{\mathrm{m}}/\sqrt{3}$ 下局部放电量均小于 3pC，满足厂家技术条件及相关标准。

3. 原因分析

根据返厂设备解体检查发现的痕迹、分解物取样成分分析以及 VFTO 仿真计算结果初步判断，造成本次盆式绝缘子发生沿面闪络故障的主要原因为：盆式绝缘子表面附着流体异物，如图 5-38 和图 5-39 所示，导致电

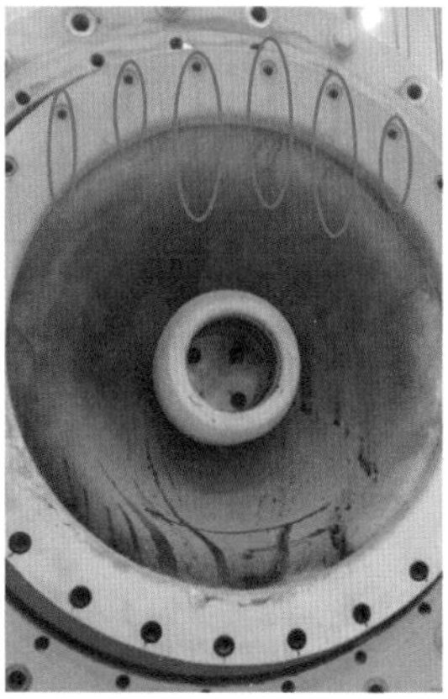

图 5-38　疑似密封剂溢出痕迹

场分布的改变，在隔离开关操作产生VFTO的作用下，沿盆式绝缘子表面按照异物流动轨迹及聚集点的排列与盆式绝缘子压接法兰之间形成贯通的导电通道，导致发生单相接地短路故障。

本次放电故障可分为两个阶段：第一阶段，形成贯通导电通道后能量的释放导致气室内部产生大量分解物，气体绝缘能力降低，分解物附着在TA气室内壁及盆式绝缘子表面，沿面电弧的高温将电连接屏蔽罩表面烧熔，金属熔点沿电场方向飞溅在盆式绝缘子底部；第二阶段放电是在重合闸时形成，发生的是单相接地故障，暂态地电位和GIS壳体暂态电位升高，且该气室及盆式绝缘子整体绝缘强度严重破坏，电场两极电位差降低，二次放电的发展不再是单纯的由导体向地电位发展，而是电极两侧同时发展，除主放电通道外，盆式绝缘子表面再次出现发展方向不同的多处电树枝和放电通道，如图5-40所示，其中在1点及2点钟方向电树枝位置与密封剂溢出螺栓垂直位置重合。就此次故障来看，单纯的过电压或者盆式绝缘子表面异物并不能导致TA气室盆式绝缘子的沿面闪络，故障的发生是两方面因素共同作用的结果。

图 5-39　6点钟方向压接缝隙流出密封剂　　　　图 5-40　主放电通道

4.措施及建议

加强带电检测，缩短检测周期，对设备返修进行跟踪及出厂见证，保证设备返修出厂质量。设备制造厂应提升厂内盆式绝缘子装配质量及现场设备对接工艺质量，增加点检部位，防止杂质、异物进入GIS设备。同时采取在隔离开关断口并联分合闸电阻等有效措施降低VFTO危害。

5.1.5　案例5——550kV GIS隔离开关水平盆式绝缘子异物导致放电

1.情况说明

2019年3月5日15时14分16秒，某500kV变电站500kV××线A相跳闸，重合不成功，检查跳闸范围内设备外观无异常，550kV GIS 5011、5012间隔各设备SF$_6$压力正常，断路器机构储能正常，最终确认50121隔离开关A相气室故障，如图5-41所示，故障电流33.975kA。

故障设备出厂日期为2016年3月生产出厂，投运日期为2016年9月。

图5-41 50121隔离开关气室内部故障及气隔盆式绝缘子位置

2. 检查情况

（1）现场解体情况。

现场打开50121隔离开关A相气室，发现气室内部布满SF$_6$气体分解物粉尘，如图5-42所示，隔离开关与下部TA之间的通气盆式绝缘子屏蔽罩烧损，绝缘子表面右侧有爬电痕迹，壳体内表面有严重的变色痕迹，如图5-43所示，绝缘拉杆未见异常。

图5-42 50121隔离开关A相气室内部情况

图5-43 50121隔离开关A相放电的盆式绝缘子位置及情况

（2）厂内解体情况。

对返厂的50121隔离开关A相解体检查，发现隔离开关气室底部通气盆式绝缘子表面有大面积放电灼烧痕迹，在灼烧区域右侧有明显爬电痕迹，如图5-44所示，对应的屏蔽罩大部分烧损，隔离开关壳体内壁有大面积电弧灼烧痕迹，通气盆式绝缘子爬电痕迹对应的壳体底部边缘有严重放电灼烧痕迹，盆式绝缘子表面和气室壳体内壁有大量放电产生的分解物，盆式绝缘子表面在靠近爬电痕迹区域局部有裂纹，如图5-45所示。绝缘拉杆表面仅有喷溅痕迹，其他未见异常，如图5-46所示。隔离开关、接地开关本体及触头部分未见异常。

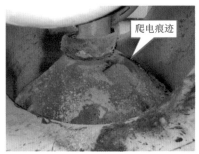

图 5-44　50121隔离开关A相气室内放电烧蚀痕迹

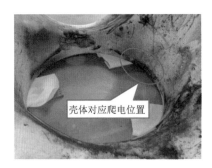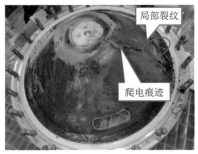

图 5-45　放电的盆式绝缘子情况及烧蚀痕迹

图 5-46　隔离开关绝缘拉杆及动触头

（3）放电盆式绝缘子试验检测情况。

对放电的通气盆式绝缘子进行X光检测，放电通道所在区域环氧树脂已明显碳化，其他区域环氧树脂内部无气孔、裂痕、杂质缺陷，如图5-47所示。

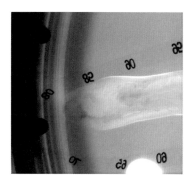

图 5-47　放电盆式绝缘子 X 光检测图谱

在放电的盆式绝缘子浇注孔及裂纹附近选取 6 处取样（其中 #5、#6 在喷施绝缘子裂纹附近），对盆式绝缘子样品进行密度、玻璃化转变温度、固体含量进行测试，如图 5-48 所示，测试结果如表 5-2 所示，测试结果合格。

（a）试件取样前　　　　　　（b）试件取样后　　　　　　（c）样品情况

图 5-48　试件取样情况

表 5-2　　　　放电盆式绝缘子密度、玻璃化转变温度、固体含量测试结果

盆式绝缘子编号	试样编号	密度 /（g·cm⁻³）密度差≤0.2g/cm³	玻璃化转变温度 /℃ 玻璃化转变温度差≤10℃	固体含量 /% 填料含量差 ≤2%
1XA151231-106	#1	2.24	116	67.85
	#2	2.26	117	68.30
	#3	2.28	118	68.28
	#4	2.28	118	68.86
	#5	2.27	117	68.32
	#6	2.28	117	68.54

备注：将各项 #1、#2、#3、#4、#5、#6 测试值进行比较，六点间差值符合要求。

3.原因分析

（1）放电过程分析。根据50121隔离开关A相放电现象，判断首先是沿通气盆式绝缘子表面发生沿面放电，在盆式绝缘子表面形成灼烧碳化痕迹；当5011开关重合后，由于第一次放电时气室绝缘能力降低，导体屏蔽罩对壳体放电，屏蔽罩烧损，壳体表面在绝缘子周边区域多处出现灼烧痕迹。

（2）故障原因分析。根据检查及试验情况，排除盆式绝缘子质量问题造成气室内部放电的可能，判断本次故障原因为隔离开关气室水平盆式绝缘子表面积聚微粒等异物，对电场造成畸变，引起盆式绝缘子沿面放电。

（3）异物来源分析。该隔离开关气室在厂内组装完毕后，下部和一侧封盖，隔离开关在合闸状态下运输到现场，和两个部位进行对接。现场分析异物来源可能与厂内装配时清理不彻底、运输过程中金属部件磕碰、现场安装防护不到位等因素有关。在产品长期运行和操作过程中，由于该盆式绝缘子为水平布置，残留的异物容易移动至盆式绝缘子表面，使盆式绝缘子表面电场及表面电荷分布产生畸变，从而导致盆式绝缘子沿面放电。

4.措施及建议

加强该变电站500kV HGIS带电检测，对比分析局部放电图谱趋势变化，异常情况及时进行检查处理。设备生产厂家进一步分析该类型产品可能产生异物的环节，制定排除方案及针对性措施，避免同类型问题再次发生。在新建/扩建工程的设计、设备招标及验收阶段，落实GIS盆式绝缘子应尽量避免水平布置的要求。

5.1.6 案例6——126kV GIS分支母线盆式绝缘子异物导致放电

1.情况说明

某110kV变电站2014年出厂的126kV GIS，2018年9月7日发生放电故障，通过SF_6分解物检测，定位为#1主变侧母线气室内部故障，具体部位如图5-49和图5-50所示。故障设备出厂日期为2008年12月，投运日期为2010年1月。

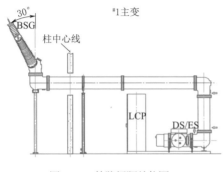

图5-49 故障间隔结构图　　　　　　　图5-50 故障位置

2.检查情况

　　故障母线单元返厂后，于2018年10月26日对故障母线进行了解体检查。检查发现，导体内部有高温熏黑痕迹，A、B两相较为严重，C相颜色较浅；对罐体内部罐壁，对应A、B相导体处有电弧熏烤痕迹，罐体内有导体融化的熔渣，如图5-51所示。

图 5-51　解体检查情况

　　故障盆式绝缘子表面烧黑，导体部分表面烧熔，紧固螺栓未见松动，如图5-52所示。

图 5-52　故障盆式绝缘子

　　对盆式绝缘子进行X光探伤未见异常。随后对盆式绝缘子进行简单清理后，进行着色试验，未发现表面裂隙，如图5-53所示。将该盆式绝缘子进行耐压和局放试验，试验合格，局放量小于1pC。

3.原因分析

　　通过上述的解体检查过程和盆式绝缘子的各项试验结果，可以确定盆式绝缘子质量合格，此次故障不是由盆式绝缘子制造质量引起。从解体检查情况分析，此次故障为典型的表面击穿故障，排除绝缘件质量因素后，经分析可确认引起A、B两相相间故障原因是在A、B两相之间的盆式绝缘子表面有异物吸附，在电场作用下导致绝缘性能降低形成爬电通道致使故障发生。

　　盆式绝缘子上异物的来源可能由以下因素形成：一是现场安装更换吸附剂时，

需要将此处手孔盖板打开后进行，在此过程中，由于操作人员的疏忽，可能会造成异物通过手孔进入气室，随后在电场作用下吸附在盆式绝缘子上形成爬电通道；二是安装现场充气时，充气管路或者充气接头没有清理干净，有异物遗留在管路内，充气时随着SF_6气体进入气室，吸附在此盆式绝缘子上造成。

图 5-53　盆式绝缘子着色试验

4.措施及建议

利用特高频与超声波局放带电检测手段，对全站GIS设备进行带电检测，防止类似故障发生。为避免类似问题再次发生，设备制造厂应在设备安装时加强现场防护，提高现场安装质量管控措施，加强充气管路及接头的防护检查，以防止灰尘、异物进入气室内部。

5.1.7　案例 7——1100kV GIS 母线支柱绝缘子安装不当导致放电

1.情况说明

2014年3月13日，某1000kV特高压变电站1100kV GIS设备Ⅱ母第一、二套母差保护动作，与Ⅱ母相连的断路器跳闸，现场通过故障录波波形及SF_6分解物分析，确定1100kV GIS设备预留T053开关间隔C相5号气室内部故障，故障电流20.6kA。由于故障气室为预留T053开关间隔，该气室内未安装内置特高频局放传感器，因此局放在线监测装置未采集到异常报警信号。

故障设备投运日期为2013年9月。

2.检查情况

（1）现场检查情况。

现场检查发现，故障GIS设备气室内部支撑绝缘子炸裂，罐体底部散落有大小不同炸裂后的树脂碎块及罐体内有轻微的放电后产生的粉尘；与放电支撑绝缘子连接的枕形导体由水平位置向上旋转80°左右；放电支撑绝缘子附近罐体内表面有两处大小不同的电弧灼黑痕迹，相邻支撑绝缘子法兰表面及枕形导体连接处也有局部灼黑现象，如图5-54所示。

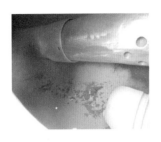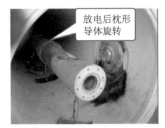

图 5-54　放电后的罐体内部情况

　　故障支撑绝缘子由于电弧导致炸裂，至大小不同的碎块；绝缘树脂部分与两侧嵌件脱开，仅有很小的树脂粘连；支撑绝缘子两侧嵌件表面有明显烧蚀痕迹，如图 5-55 所示。

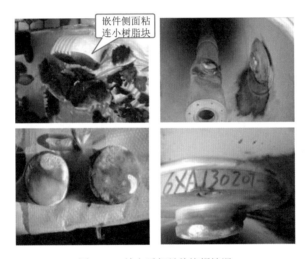

图 5-55　放电后相关件烧损情况

　　经现场初步对放电支撑绝缘子炸裂的碎块及部分碎块复原看，该支撑绝缘子可见的外表面没有明显放电痕迹，支撑绝缘子除炸裂外，树脂内部有严重的烧蚀，如图 5-56 所示。经现场初步清理检查，该气室中盆式绝缘子及其他支撑绝缘子完好，罐体内表面及支撑绝缘子处连接法兰灼黑处，经简单擦拭未有明显烧蚀损伤。

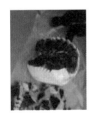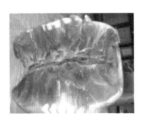

图 5-56　放电后绝缘子烧损情况照片

（2）返厂解体检查。

对放电支撑绝缘子返厂后的进一步复原检查发现，在绝缘子与罐体侧连接的嵌件处，有两个碎块由于电弧烧蚀导致外表面颜色较深，其中较大碎块外表面有疑似裂纹或放电闪络痕迹，如图5-57所示。

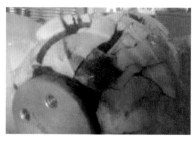

图 5-57　放电绝缘子复原后照片

对于故障支撑绝缘子返厂后在绝缘子的上、中、下三个部位取样进行玻璃化温度 T_g、固体含量和密度检测，检测结果合格。

重新选取2只支撑绝缘子进行验证试验，第1件由现场更换后返回的支撑绝缘子（与故障绝缘子同一装配单元），第2件由目前制造厂库存件中抽取的支撑绝缘子。分别对两只支撑绝缘子进行尺寸、外观检查，X射线探伤检测，冷热试验，额定值弯曲试验，额定值弯曲后电性能试验，1.2倍额定值弯曲试验后电性能试验，CT检测，弯曲破坏试验，抗扭试验，结果均合格。

（3）制造过程追溯。

设备生产厂家从生产操作、原材料、固化工艺、浇注设备及试验方面对支撑绝缘子的生产工艺进行了整体排查，各工序的操作记录无异常，原材料各项检测指标均符合材料标准要求，固化工艺未见异常，浇注生产无异常，故障支撑绝缘子出厂前经过X射线检测和电性能试验，通过对试验记录排查，未发现异常。此外，根据选取的其他完好零件所进行的一系列验证试验，均未发生异常，特别是从4只（3只近期生产和1只与故障件同期生产）支撑绝缘子弯曲破坏值来看，弯曲破坏结果合格，分散性较小，说明此件的生产工艺控制较为稳定。

3. 原因分析

由于故障前系统无操作、无恶劣天气、无过电压、保护装置及系统无异常，可排除由于外部原因导致放电故障的发生。经分析，产生本次支撑绝缘子放电的原因主要有以下几种可能：

（1）支撑绝缘子本身缺陷导致的放电。通过对故障支撑绝缘子生产过程的排查以及出厂前各项试验的检查，可排除由于绝缘子本身存在内部气泡、杂质缺陷导致放电的可能。

（2）支撑绝缘子外表面灰尘、杂质存在导致的放电。从现场解体检查情况看，本支撑绝缘子放电，在绝缘子外表面未见明显电弧闪络痕迹，故可排除绝缘子表面存在灰尘引发放电的可能。

（3）运输过程异常使绝缘子损伤导致的放电。根据设备在运输中加装的振动记录仪未见异常记录，以及母线在运输过程中在中间导体加装两处支撑结构，确保运输过程导体与其他件间不产生相对运动和受力，可排除运输过程导致的损坏。

（4）现场安装单元对接异常受力导致的放电。在母线对接时，法兰连接过程使用引向杆（对中杆），可以保证法兰连接与导体对中。事故发生后，该单元解体检查时，导体及触头完好，对中情况良好。因此，可排除由于对中不良对支撑绝缘子产生异常受力。

（5）装配过程异常受力导致的放电。母线装配结构如图5-58所示。

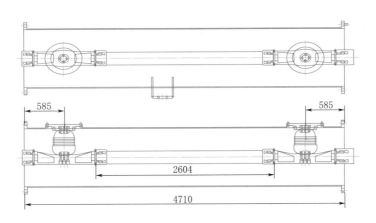

图5-58　母线装配单元示意图

在装配母线单元时，支撑绝缘子和导体连接过程中，如出现异常情况，则该支撑绝缘子有可能产生微裂纹。由于裂纹较小，出厂试验和现场验收试验尚能通过，运行一段时间后在电磁振动力作用下，裂纹逐渐扩大，最终导致放电。

产生微裂纹的异常情况通常有以下可能：一是支撑绝缘子在装配分厂从转运箱中吊出、摆放时碰到异物，可能导致支撑绝缘子内部产生微裂纹；二是支撑绝缘子放入罐体与法兰对接过程中吊钩下降速度过快，起吊不平稳都容易使支撑绝缘子磕碰到罐体法兰或其他地方，导致支撑绝缘子内部组织结构出现细小裂痕；三是枕形导体与支撑绝缘子连接对中时，螺栓紧固没预留间隙，致使导体在对中时容易发生生拉硬别情况，可能会使支撑绝缘子树脂材料与金属嵌件之间产生扭力作用而损伤；四是在中间导体装配过程中，如果工装绝缘杆插入导体深度不够，且罐内引导人员与罐外吊车操作人员配合不当，绝缘杆从导体插接处滑脱导致小车受力不均滑倒，可能出现图5-59所示的情况，在此工况下，当导体下落时，插接部件受力，使得导体速度迅速降为零，此时导体的动量全部转化为反作用力，直接作用在支撑绝缘子上，对支撑绝缘子产生瞬间弯矩，可能使支撑绝缘子嵌件与树脂结合处产生微裂纹。以上零件转运及装配过程在异常情况下，均可导致绝缘子异常受力，甚至有可能产生微裂纹。

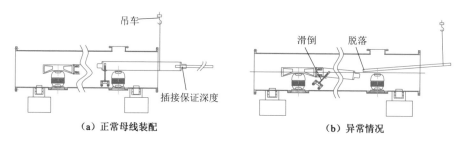

（a）正常母线装配　　　　　　　　　　　　（b）异常情况

图 5-59　母线装配及异常情况示意图

综上所述，通过对产品在制造、装配、运输及现场安装过程各环节的分析，结合对绝缘子设计结构、制造工艺重新梳理以及完成的一系列验证试验结果，分析认为本次故障原因为：在母线支撑绝缘子和导体装配过程，出现异常情况，引发该支撑绝缘子产生微裂纹，运行过程中内部发生局部放电，并最终发生贯穿性放电，最终导致绝缘子内部贯穿性击穿炸裂。

4. 措施及建议

设备制造厂加强GIS设备现场安装质量管控措施的落实和提高，保证设备安装时的质量，严防绝缘子在安装过程中发生碰撞等异常行为，保证设备安全稳定投入运行。

5.1.8　案例8——800kV GIS 母线支柱绝缘子内部缺陷导致放电

1. 情况说明

2019 年 8 月 8 日 12 时 44 分，某 750kV 变电站 750kV××线发生 A 相永久性接地故障，第一、二套线路保护均动作跳开 7540、7542 断路器（故障电流 27.1kA），7542 断路器辅助保护重合闸动作，重合闸不成功。现场检测发现 754267 接地开关 A 相气室（SO_2:111.3 μL/L，H_2S:7.1 μL/L，CO：18.6 μL/L）、75426 隔离开关 A 相气室（SO_2:4.5 μL/L，H_2S:0.1 μL/L，CO：0.6 μL/L）气室内气体组分异常，如图 5-60 所示，其他气室检测结果正常。

故障设备生产日期为 2010 年 11 月 3 日。

2. 检查情况

（1）现场检查情况。

现场开盖检查发现 754267 接地开关 A 相气室靠近波纹管补偿器东侧（约 80cm）支撑绝缘子炸裂，如图 5-61 和图 5-62 所示。

图 5-60　故障绝缘子位置

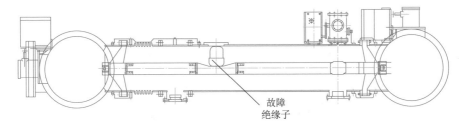

图 5-61　故障位置俯视示意图

将故障支撑绝缘子、两端金属嵌件及其母线导体拆解并进行检查，发现绝缘子高压端金属嵌件与环氧树脂交接面完全分离，接地端金属嵌件表面有残留环氧树脂材料，环氧树脂浇注体被炸成九个大块、若干碎块，开裂面大部分被灼烧成炭黑色，如图5-63所示；导体表面有熏黑痕迹，高压端金属嵌件表面有明显放电点、边缘处有电弧烧蚀痕迹，接地端金属嵌件表面有严重的电弧烧蚀痕迹，如图5-64和图5-65所示。

仔细观察绝缘子碎块发现最大碎块（1号碎块）开裂部位有明显的由高压端爬向接地端的放电通道，长度约为260mm，如图5-66所示。

从图5-67所示1号碎块三个明显的开裂面形貌分析开裂过程，首先是右侧上下两个面沿中间山脊（即放电通道，如图中红线所示）处向两侧开裂，山脊状断口的山脊为裂纹源，两侧断面存在明显的放射状花纹。左侧（图中黄色区域）表面较平滑，应为故障电流作用下大面积快速解离形貌。

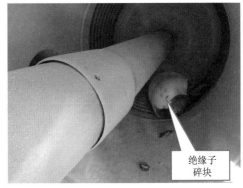

图 5-62　气室内故障情况

109

图 5-63　故障后绝缘子碎块

图 5-64　母线导体表面

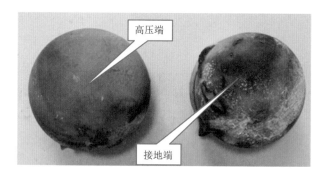

图 5-65　两端金属嵌件表面

图 5-66　最大碎块表面放电通道

图 5-67　1 号碎块表面

对绝缘子碎块进行拼接复原后可以看到故障起始放电点，如图 5-68 所示，且环氧树脂对接面和金属嵌件表面起始放电点能够对应，即运行状态下从接地端看向高压端时方向为"九点钟"方向，放点位置示意图如图 5-69 所示。

（2）返厂检查情况。

对同气室两支非故障绝缘子返厂进行性能检测试验，检测项目包括结构尺寸测量、整体射线成像检测、模拟汽车运输颠簸试验、工频耐受电压试验和局部放电测量、水刀切割后射线检测及断面检查、弯曲试验、绝缘材料三氧化二铝含量测定、绝缘材料玻璃化转变温度检测，结果均合格。

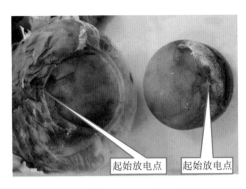

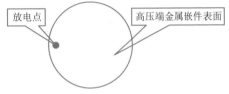

图 5-68 拼接复原后绝缘子高压端　　图 5-69 高压端金属嵌件表面放电位置示意图

（3）仿真计算情况。

通过有限元仿真模拟计算绝缘子在实际运行状态下的受力情况，发现运行状态下绝缘子的上侧受拉应力、下侧受压应力，在高压端金属嵌件与环氧树脂对接面位置应力较为集中，如图5-70所示。

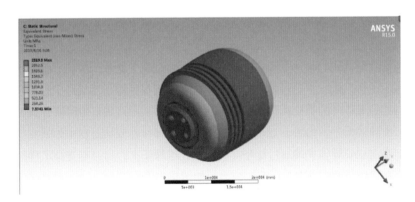

图 5-70 有限元仿真模拟应力图

3. 原因分析

故障造成绝缘子炸裂，开裂面大部分被灼烧成炭黑色；炸裂后的碎块表面有明显的由高压端爬向接地端的放电通道，放电痕迹呈现为低能、多次重复的树枝状放电形式；两端金属嵌件与环氧树脂交接面完全分离，高压端金属嵌件表面可以看到初始放电点，该放电点与拼接复原后的环氧树脂对接面初始放电点对应；枕型导体和接地端盖板附近均有不同程度的电弧烧蚀痕迹。

根据外观检查情况可以得出，故障均由支撑绝缘子内部放电引起，内部放电通道从高压端金属嵌件与环氧树脂对接面开始，逐步发展至低压端并最终贯穿。造成高压端对接面初始放电的可能原因有气隙、杂质或微裂纹等绝缘缺陷，下面进行逐项分析。

（1）制造缺陷。支撑绝缘子在生产环节常见的内部局部缺陷有浇注时漏料导致的气隙和原材料杂质等，受检测手段和检测标准等问题所限，此类微小缺陷在单个绝缘子出厂试验和组装后运输单位出厂试验阶段均不能被有效发现，后期在运行过程中因长期承受强电场和大电流作用，进而逐渐裂化成放电点。故障发生后对三支绝缘子及其所在母线单元制造过程进行了追溯调查，调查项目包括设计图纸、原材料、浇注工艺和试验等，未发现异常情况，但仍不排除制造缺陷导致故障的可能性。

（2）运输过程导致的缺陷。支撑绝缘子的运输是在制造厂内安装成运行形态并连同枕型导体和母线筒一起运输，运输路程长、路况复杂，有可能会造成绝缘子对接面微裂纹等缺陷。为验证运输过程对绝缘子的影响，运行单位故障后对同气室非故障绝缘子开展了模拟汽车运输颠簸试验，运输1h后绝缘子工频耐压和局部放电测量试验均合格。由此表明，运输过程对绝缘子机械破坏的程度很小，由此造成绝缘子结合面缺陷的可能性也比较小。

（3）安装过程导致的缺陷。母线安装过程分为两个阶段，第一阶段是在制造厂内将母线筒体、绝缘子和导体安装成运行形态，采取将绝缘子直立在筒体底部进行安装的方式，在此阶段有三种可能会造成绝缘子对接面缺陷：一是将支撑绝缘子起吊放入罐体与法兰对接时，吊钩下降速度过快或在吊装过程中绝缘子摆动、磕碰到母线筒导致绝缘子损伤，如图5-71所示；二是枕形导体与支撑绝缘子连接对中时，高压端金属嵌件与枕型导体间的螺栓提前紧固没有预留间隙，从而造成对中时刚性调整使得绝缘子对接面异常受力，如图5-72所示；三是母线长导体在安装过程中如果支撑力不均匀，可能会出现长导体一端通过枕型导体固定在绝缘子上，另一端支撑工件过高或者过低都会在绝缘子两嵌件对接面产生应力，如图5-73所示。

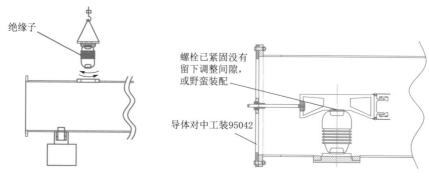

图5-71 绝缘子厂内安装方式示意图　　　图5-72 枕型导体与绝缘子对中示意图

图 5-73 长导体安装示意图

第二阶段是在现场将各运输单元母线筒及波纹管补偿器进行对接，在此阶段由于安装人员能力水平不足、生拉硬拽野蛮装配、工期要求紧和环境条件限制等，也都有可能造成导体轴向异常受力，从而导致绝缘子对接面出现微裂纹等缺陷。

（4）运行过程导致的缺陷。运行过程中引发绝缘子故障的原因主要为异常受力和震动等机械性影响。母线在实际运行时支撑绝缘子不仅会受到重力等静载荷力的作用，还会受到导体电动力以及水平位移应力等动态应力作用。

1）重力作用。绝缘子运行时在竖直方向承受导体和自身的重力，根据前期仿真计算结果，重力对绝缘子应力的影响主要集中在嵌件和环氧树脂对接面的上下端，而故障初始放电点位于对接面水平方向，因此可以排除重力对绝缘子缺陷形成的影响。

2）电动力作用。同轴结构的母线设备运行时，导体通流、外壳回流，导体和外壳分别处于对方产生的磁场中，进而在对方磁场和自身电流作用下产生相互作用的电动力，该力与导体电流大小和导体长度成正比、与导体和外壳间的距离成反比。当外壳回流均匀时，导体受力均匀；当外壳回流不均匀时，导体受力不均匀，该不均匀力将作用在支撑绝缘子上，导致绝缘子异常受力或震动。

对支撑绝缘子正常运行和短路两种情况下所受电动力进行了仿真计算，结果表明两种情况下电动力对绝缘子的力学影响很小。考虑该变电站为青海地区枢纽变电站，新能源消纳作用明显，潮流方向变化较大，在长期反复电动力作用下可能会造成绝缘子对接面疲劳并产生微裂纹等缺陷。

3）母线位移作用。母线筒在温度发生变化时会受热胀冷缩效应而产生水平方向位移，进而会造成与筒体刚性连接的绝缘子和枕型导体发生位移。筒体设计采用碟簧式波纹管和滑动支撑共同作用吸收位移，导体设计采用梅花触头吸收位移，如图5-74所示。

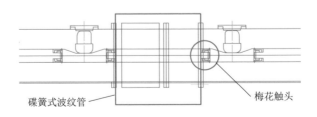

图 5-74 母线结构图

根据结构设计，母线运行时波纹管和梅花触头相互配合吸收各自位移量，波纹管设计伸缩范围为（1046±20）mm，梅花触头插接深度为20mm，理论计算结果表明当前设计满足运行需求。但在实际情况下，波纹管和导体插接伸缩量受安装公差、安装温度、运行环境温度、波纹管和触头是否卡滞等多种因素影响，该地区温差变化大，极端外界环境下容易引起筒体和导体位移不同步，使导体两端梅花触头插接裕度为零但母线仍然伸缩，造成导体出现水平方向应力，该力作用在绝缘子上产生微裂纹等缺陷。故障前当地气温有不同程度变化，可能会造成位移偏差引起的缺陷发生。

运行单位在故障后对西宁变五期设备进行了波纹管尺寸测量和梅花触头插接深度X射线拍摄，发现波纹管有一组超过设计上限尺寸、一组超过下限尺寸、一组接近下限尺寸，对三组波纹管进行内部导体插接深度拍摄时受结构影响未能得到理想结果。但仍可想象，当西宁变环境温度达到极限值时（过去30年最低气温-25.2℃、最高气温33℃），波纹管和梅花触头位移量将远大于本次（16℃）结果，造成筒体和导体位移不同步的可能性极大。

（5）结论。

800kV GIS故障原因为支撑绝缘子高压端金属嵌件与环氧树脂对接面存在微裂纹等缺陷，运行过程中受强电场影响产生内部局部放电并逐步发展为放电通道，最终导致绝缘子内部贯穿性击穿炸裂。通过对绝缘子生产制造、运输、安装及运行四个阶段造成对接面缺陷的可能性分析，排除运行阶段重力影响，得出造成绝缘子内部出现缺陷的原因可能为制造缺陷或运输、安装及运行过程中绝缘子水平方向异常受力，尤其是高海拔、大温差环境下的母线筒体伸缩量大，筒体与内部导体位移不同步在悬臂梁结构绝缘子结合面造成水平方向损伤。

4.措施及建议

现场更换部分支撑绝缘子，对该变电站800kV GIS设备开展专项带电检测工作，筛查有隐患的绝缘子，并制定波纹管附近支撑绝缘子开展重症监护方案。设备制造厂切实提高绝缘件的整体质量水平，从制造及检测设备、工艺装备、现场环境、制造过程管理等方面不断完善，保证本次新制造支撑绝缘子的质量。

5.1.9 案例9——800kV GIS支柱绝缘子内部缺陷导致放电

1.情况说明

2013年5月1日，某750kV Ⅰ母母差保护动作，7521、7511、7531开关断路器保护动作，750kV Ⅰ段母线保护范围内发生A相接地故障，7511、7521、7531断路器跳闸，保护动作正确。Ⅰ段母线由东向西第八气室气体分解产物超标，存在高能量放电故障，涉及固体绝缘材料分解。

故障设备生产日期为2008年12月，投运日期为2010年1月。

2.检查情况

现场打开发生故障的 I 段母线第八气室分子筛手孔盖，检查发现母线支柱绝缘子炸裂，气室内四处散落碎片，且附着大量白色SF_6气体分解物。

3.原因分析

支柱绝缘子内部存在气泡缺陷，带电运行后在气泡处产生局部放电，长期的局部放电导致绝缘子高压端嵌件发热膨胀产生裂纹后发生爬电，电站短路电流促使裂纹发展，在运行电压持续作用下导致支柱绝缘子导通击穿炸碎。

4.措施及建议

现场对本次故障气室涉及到的支柱绝缘子（如图5-75所示）全部更换为800kV GIS最新结构的支柱绝缘子（如图5-76所示）。此外设备制造厂应加强厂内制造过程质量管控，防止类似设备带缺陷投入运行。

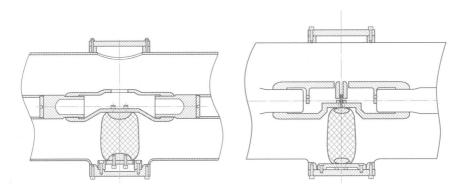

图 5-75　老结构的支柱绝缘子　　　　图 5-76　新结构的支柱绝缘子

5.1.10　案例 10——252kV GIS 支柱绝缘子安装异常导致放电

1.情况说明

某220kV变电站252kV GIS 发生放电故障，母线气室气体分解产物超标，判断故障位于母线气室。

2.检查情况

对放电的气室进行解体检查，发现支柱绝缘子高压端电极周围存在明显的电弧烧蚀痕迹，如图5-77所示，烧蚀痕迹沿绝缘子表面断续至伞裙边缘，如图5-78所示，由伞裙处放电至低压端电极，如图5-79和图5-80所示。

本次问题发生后，对同气室15件完好绝缘子进行了全部更换，并返厂按相关标准进行检查和试验，具体检查、试验项目及要求见表5-3。

图 5-77　高压端电极周围烧蚀痕迹　　图 5-78　表面断续烧蚀痕迹

图 5-79　放电部位　　　　　　　　　图 5-80　低压端电极

表 5-3　　　　　　　　　　返厂绝缘子检查、试验项目及要求

序号	项　目		要　求
1	外观、尺寸检查		符合绝缘子外观标准及图纸要求
2	机械试验	抗弯	7kN/1min
		抗拉	20kN/1min
3	X光探伤试验		内部无气泡、杂质、裂纹等缺陷
4	电性能试验	工频	460kV/5min
		局放	175kV/10min≤2pC
5	玻璃化温度 T_g 检测		$T_g \geqslant 104℃$

检查及试验结果表明，绝缘子外观及尺寸符合外观标准及图纸要求；机械试验结果符合技术要求；X光探伤试验未发现绝缘子内部有杂质、气泡及裂纹等缺陷，结果符合技术要求；对绝缘子进行工频、局放试验等电性能试验，结果符合技术要求；玻璃化温度检测结果符合技术要求。

3.原因分析

绝缘子放电后，经专业人员对绝缘子及放电部位进行了仔细检查，除放电部位外，未发现其他缺陷，经分析认为，该绝缘子放电的原因是在装配过程中高压端电极至伞裙处受到磕碰，且在装配完成后检查时未发现。在磕碰处会产生微小的间隙，在电位差的作用下产生局部放电现象，在长时间带电运行中，微小的放电将产生累积使绝缘子的介电性能逐渐劣化并使局部缺陷扩大，导致贯穿性沿面放电，造成绝缘子表面出现断续的烧蚀痕迹。而伞裙处为绝缘子机械性能和电气性能最薄弱部位，致使从绝缘子伞裙处开始放电至低压端电极。

4.措施及建议

设备制造环节切实加强厂内和现场安装质量管控水平的提高，严格落实各项安装质量管控措施，防止设备在安装过程中发生碰撞，保证设备安全稳定投入运行。

5.2 绝缘子漏气类故障案例

5.2.1 案例1——800kV GIS 分支母线因盆式绝缘子设计不合理导致开裂漏气

1.情况说明

2017年5月27日17时15分，某750kV变电站运维人员巡视800kV GIS设备时，发现#1主变750kV侧GIS B相分支母线力矩平衡型伸缩节外侧盆式绝缘子侧下方处有明显漏气现象，经过约半小时压力从0.45 MPa降至0.44 MPa，气室压力降低显著，随即申请停电处理。

故障设备制造投运日期为2017年5月3日。

2.检查情况

2017年5月30日，对#1主变750kV侧GIS设备B相分支母线漏气气室进行解体检查，现场发现波纹管漏气侧盆式绝缘子边缘有一处贯穿性裂纹如图5-81所示。

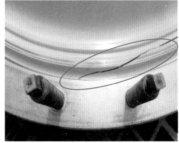

图5-81 破损盆式绝缘子

3. 原因分析

故障部位整体结构示意图如图5-82所示，此处安装了波纹管为压力自平衡波纹管，此波纹管能够通过自身的结构将气体盲板力有效化解，筒体支架受纵向力小，但弊端是自重较大，出现盆式绝缘子开裂部位的波纹管自重2100kg，造成此波纹管两侧法兰面出现不平行的现象。通过现场解体前的波纹管结构尺寸测量，B相波纹管最外侧法兰面上方较下方窄7mm，此波纹管出现了变形。

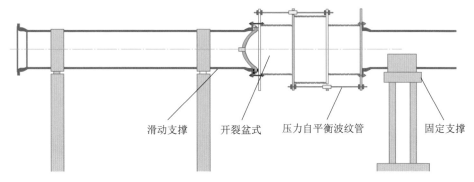

滑动支撑　　开裂盆式　　压力自平衡波纹管　　固定支撑

图5-82　故障部位整体结构示意图

波纹管变形时，会使两端法兰变形，法兰上部变窄、下部变宽，图5-83为波纹管变形后盆式绝缘子下部受力示意图，从中可以看出，盆式绝缘子下部通过外侧铝制法兰的台阶受到一个图中向左的弯曲力矩，在此力矩的作用下应力大于绝缘子强度发生开裂；同时，运行过程中母线筒受到阳光照射，上部与下部最大温差可达40K，上部筒体膨胀量大于下部筒体，也使波纹管两侧法兰面不对等，出现上窄下宽，在盆式绝缘子铝制法兰台阶部位力矩的作用下加剧了此处的应力集中，最终使盆式绝缘子下部发生开裂。有限元应力、应变计算结果分别如图5-84和图5-85所示，法兰处应力较大。

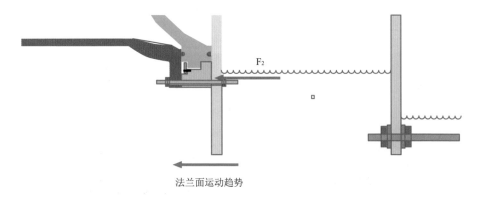

法兰面运动趋势

图5-83　波纹管变形后盆式绝缘子受力示意图

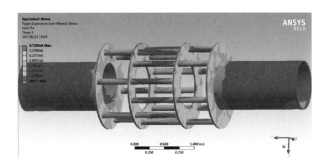

图 5-84 法兰处应力分布图

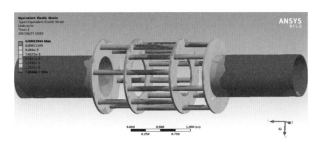

图 5-85 法兰应变分布图

通过对盆式绝缘子开裂事故的受力分析,发现此波纹管法兰与盆式绝缘子之间的对接设计不合理,压力平衡波纹管的特点决定了中部会有下沉的趋势,两侧法兰平行度会存在差异,致使与波纹管直接相连接部位应力最大(上端拉应力,下端压应力),而盆式绝缘子属于脆性材料,安装在应力较大部位,发生开裂的概率较高。

4.措施及建议

同样的结构在其他 750kV 变电站 800kV GIS 设备上均有安装,如图 5-86 所示,在波纹管一侧与盆式绝缘子对接部位均有一段过渡筒体,此段筒体的安装目的就是让盆式绝缘子避开应力较大区域所设计。建议对原结构进行改进,加装过渡筒体,以减小盆式绝缘子处的应力,保证设备安全运行。

过渡筒体,避开应力集中

图 5-86 波纹管处加装过渡筒体

5.2.2 案例2——800kV GIS 盆式绝缘子安装不当导致开裂漏气

1. 情况说明

2017年2月2日，某750kV变电站800kV GIS设备发生SF_6气体漏气，具体漏气位置为GIS设备 I 母线C相3气室第15伸缩节与14伸缩节间盆式绝缘子密封面漏气，漏气点位于水平方向布置盆式绝缘子两侧，漏气较为明显。

故障设备投运日期为2008年。

2. 检查情况

漏气位置母线盆式绝缘子裂纹如图5-87和图5-88所示，盆式绝缘子由下至上存在的两条裂纹，盆式绝缘子出现凹面和凸面贯穿裂纹，凸面的2条裂纹未能延展到中心导体根部，凹面于中心导体根部至周边嵌件处出现2条贯穿式裂纹，其他部位未见异常。随后对故障盆式绝缘子进行返厂试验，通过X射线探伤检测发现，除已经产生的外观明显可见裂纹外，盆式绝缘子内部其他部位未见气泡、杂质等异常缺陷。盆式绝缘子上的两根密封圈完好无损，没有出现老化现象，仍保持良好的弹性。

3. 原因分析

该站发生漏气现象前系统无操作、无恶劣天气、无过电压、保护装置及系统运行无异常，可初步排除由于外部原因导致漏气现象的发生。通过现场检查及返厂试验分析，造成漏气的原因为：GIS设备在现场安装时，母线单元对接过程中操作不规范导致盆式绝缘子和罐体发生碰撞，进而导致盆式绝缘子边缘产生初始微裂纹，经过几年的带电运行，受热胀冷缩影响，裂纹逐渐扩张并越过密封槽，导致突发漏气现象。此外，投运后进行的2次停电检修，随着2次螺栓力矩紧固加剧了盆式绝缘子初始裂纹的发展，直至裂纹贯穿至中心导体。

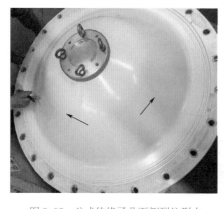 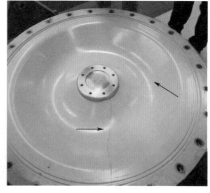

图 5-87　盆式绝缘子凸面侧裂纹形态　　图 5-88　盆式绝缘子凹面侧裂纹形态

4.措施及建议

现场更换了盆式绝缘子和密封圈并重新进行注胶，针对该站投运10年以上的设备，开展专项排查工作。设备制造厂方面应严格把控设备制造装配质量，加强现场安装、施工工艺管控，避免再次因为零部件安装不规范等情况，造成设备破损或带缺陷投运。

5.2.3　案例3——126kV GIS分支母线盆式绝缘子安装不当导致开裂漏气

1.情况说明

2016年1月25日，某110kV变电站126kV GIS设备产品突然发生SF$_6$压力低报警，经检修人员到现场检漏，发现#2主变间隔出线套管侧盆式绝缘子漏气严重，需检修处理，漏气部位如图5-89和图5-90所示。

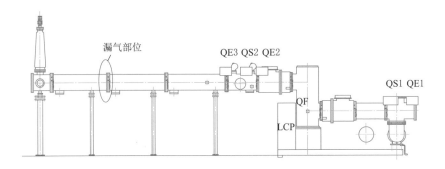

图5-89　126kV GIS#2主变漏气部位示意图

图5-90　漏气部位位置

2.检查情况

对故障GIS设备解体后发现，三相共箱式GIS盆式绝缘子在从B相中心导体开始至绝缘子边缘的螺栓光孔间形成了一条贯穿性裂纹，绝缘子凹面和凸面照片分别如图5-91和图5-92所示。

图 5-91　绝缘子凹面开裂部位照片　　　图 5-92　绝缘子凸面开裂部位照片

　　进一步检查发现，该绝缘子开裂处的螺栓光孔内有大量的泥沙，如图 5-93 所示，且该处螺栓光孔的连接螺栓锈蚀较为严重，其他光孔的连接螺栓完好，如图 5-94 所示。

图 5-93　开裂绝缘子下端的螺栓光孔内存有泥沙

图 5-94　开裂处的紧固螺栓锈蚀与其他部位紧固螺栓对比

　　测量支撑筒体的支撑调节螺栓，螺栓调整左右不平衡，相差6mm如图 5-95 和图 5-96 所示。

图 5-95 筒体下支撑架

图 5-96 筒体下支撑螺栓高度

3.原因分析

通过现场解体检查，分析认为造成绝缘子开裂可能有下列两方面原因：一是该绝缘子安装位置支撑筒体的支撑调节螺栓调整左右不平衡，支撑点受力位置发生偏移，设备运行过程中，筒体发生侧滑，使绝缘子光孔处产生侧向应力，绝缘子在应力作用下导致开裂；二是绝缘子开裂处的紧固螺栓锈蚀，螺栓光孔内有泥沙，含有较大水分，说明此螺栓光孔内有雨水进入，根据当地气象记录，1月20—22日该地区天气为连续小雨、中雨转中雪天气，气温连续降低（从-3℃降至-7℃），在低温下螺纹光孔内的积水结冰，积水结冰后体积膨胀，导致绝缘子开裂。

绝缘子的材料为环氧树脂混合氧化硅填料，具有较高强度和硬度，但韧性较差，在不均匀应力作用下易出现开裂，因此本次绝缘子漏气原因为：绝缘子因支撑调节螺栓尺寸调节不良，使绝缘子承受侧向应力，同时由于螺栓光孔内有雨水进入，恰遇天气连续雨雪低温，螺栓光孔内的积水结冰膨胀，也造成绝缘子承受挤压力，造成绝缘子在应力作用下发生开裂，导致漏气。

4.措施及建议

现场对故障设备进行更换，并对全站GIS设备支撑架螺栓调节尺寸进行测量，对存在类似故障设备及时进行处理。同时，检查全站GIS设备的绝缘子螺栓光孔防水情况，必要时进行防水胶覆涂。

5.2.4 案例4——126kV GIS 接地开关绝缘子设计不当导致漏气

1.情况说明

2018年1月4日9时15分，某330kV变电站126kV GIS隔离接地开关F4-4气室发出SF₆低气压报警，现场检查压力为0.34MPa（额定0.40MPa），紧急补气至0.43MPa，约1h后，气室压力降至0.4MPa。现场检漏，发现122167接地开关盆式绝缘子下部漏气，且漏气速度较快，为了防止SF₆低气压威胁设备运行安全，申请紧急停运处理。

故障设备制造日期为2010年3月，投运日期为2010年8月。自投运以来，该GIS接地开关绝缘子已连续发生了5次漏气缺陷。

2.检查情况

现场对缺陷接地开关进行拆解，从图5-97中可看出缺陷接地开关由金属接地开关部分和绝缘子两部分组成。接地开关部分的三相触头由绝缘子的三个孔中穿过。绝缘子与接地开关通过三个密封圈来确保气密性，与下面的气室金属壳体也是由三个密封圈来确保气密性。仔细检查绝缘子发现，122167接地隔离开关绝缘子与金属壳体接触的一侧，中相密封圈凹槽与相邻螺孔间存在一道长约3cm的裂纹，此裂纹延伸至螺孔内约2cm，如图5-98和图5-99所示。

图5-97 故障接地开关   图5-98 故障接地开关绝缘子

3.原因分析

接地刀闸长期运行在户外，历经风吹日晒，寒冷高温，由于金属与绝缘材料的膨胀系数不同，随着使用时间的增长，绝缘盆的材质容易发生老化，与金属面的贴合度也随之变差，在材质老化、气室压力和热胀冷缩拉伸力的共同作用下，绝缘盆产生裂纹，使得气体沿裂纹从金属与绝缘盆的结合面缝隙泄漏，造成气室漏气。

4.措施及建议

因绝缘子材质易老化，设备制造厂已于2011年对此型接地开关进行了改进，原来的接地开关已经不再制造。新型接地开关使用全金属结构，如图5-100所示。已将该变电站共25个相同结构的老式接地开关改为新型接地开关。

图5-99　故障接地开关绝缘子裂纹

图5-100　新旧接地开关对比

第6章 展望

绝缘子作为GIS的中的关键零部件，其设计、制造、检测技术影响着GIS的运行。GIS绝缘子配方基材以环氧树脂为主，其相关的设计、制造工作已较为成熟，目前国内GIS绝缘子制造厂家相关产品覆盖各电压等级。GIS的大量运行势必要对其绝缘子的设计、制造、检测等方面提出更高的要求。

在运行过程中，超特高压GIS绝缘子的可靠性同时受到电场、温度场和内外应力等多因素影响，其耐热性能的提高往往以牺牲力学性能和电气性能为代价，如何通过配方及工艺优化来平衡耐热性能、电气绝缘性能及力学性能是目前绝缘子研究的难点。绝缘子事故通常是极端环境下多场耦合作用的结果。然而，目前国内外研究机构对多场作用下的介质绝缘失效机理及性能提升相关研究基础薄弱，故障风险评估手段匮乏，超特高压GIS绝缘子长期运行可靠性面临严峻考验。

未来重点对超特高压GIS绝缘子运行可靠性开展研究，因此，从材料配方、工艺研究、性能分析等方面进行系统的研究和试验，揭示绝缘子的故障机理，提出特高压绝缘子材料参数控制指标，依据各种参数指标开发新型国产环氧树脂浇注配方体系与成型工艺，实现绝缘子电、热、力学性能协同调控，研究运行环境下超特高压GIS绝缘子故障风险评估方法，降低GIS设备故障率，保障设备安全与电网稳定性运行。

同时要研究GIS绝缘子的新型有效的检测手段，研究快速断层扫描缺陷成像带电检测技术，提出基于模式识别的快速缺陷识别方法，探索集成化、多功能化、智能化、网络化先进感测技术，通过多元传感信息融合、多传感器协同和频带优化技术，提高沿面低频偶发局放脉冲检测灵敏性，为GIS绝缘子的状态检测提供新型检测手段和平台。

盆式绝缘子在制造、运输、安装和运行过程中均有可能产生应力。

（1）由于盆式绝缘子是由双酚A环氧树脂、氧化铝填料、酸酐型固化剂按一定比例充分混合，再与铝材质金属嵌件和法兰一同浇注、固化成型，制造过程中可能产生残余应力，产生原因为：混料时搅拌不均、固化时由于液态到固态中聚合反应引起的化学收缩、温度下降导致的物理收缩和大粒子沉淀等。

（2）在运输过程中绝缘子由于振动和摩擦等原因可能产生应力。

（3）在安装过程中可能产生应力，产生应力的原因为：螺栓紧固力不一致或导电杆安装时倾斜使绝缘子受到挤压等。

（4）在运行过程中由于受到机械和温度作用可能产生应力：装配不当、开关操作产生机械力和导体受到短路电流电动力时产生振动从而导致其受力不平衡产生应力；导体温度升高导致绝缘子内部形成热梯度以及嵌件界面两侧环氧树脂、金属热膨胀系数不同造成热应力。具有气室划分作用的不通孔型绝缘子，还需承受正常运行时相邻气室的压差，以及在GIS带电检修和带电扩建情况下需承受过渡气室或者外部大气压之间较大的压差，在充放气过程中还需承受极端的单侧受力。

应力集中会影响材料机械性能。绝缘子运行时残余应力在电场、热场和应力场的综合作用下逐渐累积，造成应力集中，当应力超过绝缘材料单位面积上所能承受的最大负荷，即机械强度时，会形成裂纹，易造成绝缘子开裂，进而发生漏气、局部放电、绝缘闪络和烧蚀等故障。

存在于盆式绝缘子的应力只有累积到形成裂纹时才能被发现，此时，绝缘子需要被更换，或者在运行例行检查中没有及时发现裂纹，随后就可能发生绝缘故障，如此带来的经济损失是巨大的。如果能够在应力累积到形成裂纹之前将其检测出来，就可以避免绝缘故障发生。因此，利用应力检测值评判绝缘子机械性能，尽早发现应力异常，对预防绝缘子开裂，避免绝缘故障发生，提高GIS绝缘子运行安全性都有重要意义。

（1）建立盆式绝缘子质量与应力检测值之间的关联性，研究质量异常的绝缘子（如含有残余应力、气孔和裂纹等）超声应力检测结果与质量合格的绝缘子超声应力检测结果的差别，探究利用超声应力测量技术评判绝缘子质量的方法。

（2）探究如何提高水压试验下盆式绝缘子应力超声检测的准确度。

（3）盆式绝缘子嵌件附近曲面结构区域因曲率半径小，一直是应力较为集中的部位，但曲面结构增加了超声耦合难度，考虑根据曲面形状设计耦合楔块，针对该区域应力检测有待进一步研究。

参 考 文 献

[1] 俞翔霄，俞赞琪，陆惠英.环氧树脂电绝缘材料[M].北京：化学工业出版社，2006.

[2] 崔景春.气体绝缘金属封闭开关设备[M].北京：中国电力出版社，2016.

[3] 黎斌.SF_6高压电器设计[M].北京：机械工业出版社，2019.

[4] 邱志贤.高压绝缘子的设计与应用[M].北京：中国电力出版社，2006.

[5] 邱毓昌.GIS装置及其绝缘技术[M].北京：水利电力出版社，1994.

[6] 刘振亚.特高压电网[M].北京：中国电力出版社，2005.

[7] 郭子豪.特高压GIL用绝缘子关键技术研究与结构优化[D].西安：西安交通大学，2019.

[8] 陈平，王德中.环氧树脂及其应用[M].北京：化学工业出版社，2006.

[9] 李桂林.环氧树脂与环氧涂料[M].北京：化学工业出版社，2003.

[10] 严璋，朱德恒.高电压绝缘技术[M].北京：中国电力出版社，2007.

[11] 李鹏，李金忠，崔博源，等.特高压交流输变电装备最新技术发展[J].高电压技术，2016，42（4）：1068-1078.

[12] 高克利，颜湘莲，王浩，等.环保型气体绝缘输电线路（GIL）技术发展[J].高电压技术，2018，44（10）：3105-3113.

[13] 齐波，高春嘉，邢照亮，等.直流/交流电压下GIS绝缘子表面电荷分布特性[J].中国电机工程学报，2016，36（21）：5990-6002.